民国时期
生态环境思想研究

张 越 / 著

知识产权出版社
全国百佳图书出版单位

图书在版编目（CIP）数据

民国时期生态环境思想研究 / 张越著. —北京：
知识产权出版社，2019.1（2019.7 重印）
ISBN 978 - 7 - 5130 - 6038 - 7

Ⅰ.①民…　Ⅱ.①张…　Ⅲ.①生态环境—环境保护—
思想史—中国—民国　Ⅳ.①X171.1 - 092

中国版本图书馆 CIP 数据核字（2019）第 004292 号

内容提要

本书首先对民国时期的生态环境思想进行了较为全面、系统的探讨，让读者能完整、清晰地了解到民国时期生态环境状况、生态环境思想的发展脉络、内容以及生态环境保护的实践等情况。与此同时，通过大量史料，补充、纠正了当前学术界关于民国时期生态环境思想研究的不足和错误。

责任编辑：杨晓红　程足芬　　　　　　　责任印制：孙婷婷
封面设计：李志伟

民国时期生态环境思想研究
张越　著

出版发行：知识产权出版社有限责任公司　　网　　址：http://www.ipph.cn
社　　址：北京市海淀区气象路 50 号院　　邮　　编：100081
责编电话：010-82000860 转 8390　　　　　责编邮箱：chengzufen@cnipr.com
发行电话：010-82000860 转 8101/8102　　发行传真：010-82000893/82005070/82000270
印　　刷：北京虎彩文化传播有限公司　　　经　　销：各大网上书店、新华书店及相关专业书店
开　　本：787mm×1092mm　1/16　　　　 印　　张：12.75
版　　次：2019 年 1 月第 1 版　　　　　　 印　　次：2019 年 7 月第 2 次印刷
字　　数：180 千字　　　　　　　　　　　 定　　价：59.00 元
ISBN 978 - 7 - 5130 - 6038 - 7

序

我眼中的张越是一个勤奋好学、治学严谨、积极上进的学生，她曾经在北京大学光华管理学院、北京大学中国社会科学调查中心、北京大学经济学院从事研究及管理工作，是北京大学工商管理硕士、北京林业大学林业经济管理学博士、北京大学经济学院博士后。从她的经历中不难看出，她不仅满足于理论学习，还致力于把理论应用到实践中。

在博士后期间，张越主要从事中国经济思想史方向的科研工作，参加了"中国历史上的生态环境思想研究"课题组，并主持了"民国时期生态环境思想研究"的科研项目；参与了国家社科基金重点项目"日本东亚同文书院对华经济调查研究"和"中国特区发展史（1978—2018）"的研究；参与了教育部重大攻关项目"马克思主义理论研究和建设工程"第三批重点教材《管理思想史》的研究。博士后期间，她还积极参加各种专业研讨会、学术交流会等，取得了丰硕而有益的成果。

本论文是张越对民国时期生态环境思想的研究成果。应该说，做这样的研究是非常困难的。一来，能查阅到的资料比较少；二来，仅有的资料比较分散、片面；三来，毕竟社会环境、语言表达等各个方面与当代有所不同，对资料的选择、判断需要极深厚的功底。

但张越克服了重重困难，不仅时常穿梭于各大图书馆查阅文献资料，上网翻阅相关著作和论文，还要对资料进行仔细比对、反复核查以及深度思考，于是有了今天这样的成果。作为她的导师，我感到很欣慰，也祝贺她学有所成。

当前，民国时期生态环境思想受到了国内外学术界的广泛关注。但学术界很难从整体上对民国时期生态环境思想的产生、发展和导致生态环境恶化的诸多因素有一个全面、清晰的认识，是以有必要对这一时期的生态环境思想进行一次全面、系统的研究。

张越的这篇论文正是以此为出发点，以历史学为主线，运用历史分析的方法，同时汲取、借鉴历史地理学、人类学、考古学、社会学、哲学、经济学等相关学科的成果，取长补短，对这一时期生态环境思想进行了系统、客观的研究。

针对民国时期生态环境思想研究中的薄弱环节，本文第一章首先对民国时期生态环境思想的历史文化渊源进行了探究，目的是阐明民国时期生态环境思想的形成有着深厚的历史文化底蕴，而不光和当时的生态环境变化有关，所以在思想史上具有承上启下的作用。第二章选取孙中山、张謇、竺可桢和董时进四位代表性人物，总结和分析了这些精英人物的生态思想。第三章从自然环境、森林、自然灾害三个方面探讨了普通大众在生态环境领域提出的一系列主张。第四章从儒家自然观、伦理观与西方哲学伦理观，中西方生态实践等方面对中西生态思想进行了比较。通过比较，得出了中国古代生态哲学在世界观、伦理观、实践观等方面具有超越西方生态思想的独特价值。第五章介绍了民国时期深入、具体的生态环境保护机制，以及生态环境保护实践的开展情况。

总而言之，本论文对民国时期的生态环境思想进行了较为全面、系统的探讨，让读者能完整、清晰地了解到民国时期生态环境状况、生态环境思想的发展脉络、内容以及生态环境保护的实践等情况。与此同时，通过利用大量史料，补充、纠正了当前学术界关于民国时期生态环境思想研究的不足和错误。

北京大学经济学院

周建波教授

目　录

绪　论

一、研究该课题的意义

人类的生存和发展是以生态环境为基础的。马克思在谈到人与自然的关系时指出："人本身是自然界的产物，是在他们的环境中并且和这个环境一起发展起来的"；"人靠自然界生活，这就是说，自然界是人为了不致死亡而必然与之不断交往的、人的身体。所谓人的肉体生活和精神生活同自然界相联系，也就等于说自然界同自身相联系，因为人是自然界的一部分。"所以，"只要有人存在，自然史和人类史就彼此相互制约。"英国著名历史学家汤因比认为："如果生物圈不再能够作为生命的栖身之地，正如我们所知，人类就将遭到种属灭绝的命运，所有其他生命形式，也将遭受这种命运。"

生态环境影响着人类文明的发展，是人类文明兴衰的重要决定力量。历史上，因为生态环境恶化招致文明衰落的例子屡见不鲜。巴比伦是两河流域的文明古国，一度是丛林葱茏、沃野千里，它有着世界七大奇迹之一的"空中花园"，然而两千年前的生态恶化却使其从地球上消逝了。得益于尼罗河流域优越的自然条件，古埃及有着持久而辉煌的文明，然而对森林的滥砍滥伐、过度开垦使其逐步沦为世界上的贫困地区。同样的沧桑，也发生在世界东方。气候温润、草木繁盛的黄河流域造就了辉煌持久的中华文明，然而唐之后的战乱、灾害频仍，以及不断增加的人口导致生态环境恶化，黄河文明衰落，长江流域取代黄河流域成为新的经济中心。《表土与人类文明》有言："不管是文明人还是未开化的野蛮人，都是大自然的子孙，不是自然的主人。他们欲保持相对于环境的优势，就必须使自己的行为符合自然规律，当他们试图打破自然法则时，通常只会破坏自身赖以生存的自然环境。一旦环境迅速恶化，人类的文明也就随之衰落了。"

在我国改革开放的今天，随着经济发展与生态环境保护之间矛盾的日益白热化，一方面人们的生态环境意识逐渐增强，另一方面生态环境的价值诉求、经济生态学尺度、意义以及最终指向方面又出现了一系列的混乱。正是在这一大背景下，既有的国内外生态环境理论越来越引起学界的关注。然而，学界往往对西方生态环境理论研究有余，而对中国生态环境理论尤其是中国历史上传统生态环境思想对于中国特色社会主义建设的启示意义却研究不足，从而导致了生态环境理论研究的一系列误区。之所以如此，其中一个重要原因就是学界许多学者误以为古代农业文明的生态环境思想与现代工业文明的生态环境理论判然有别，前者对后者无启示意义或启示意义甚微。鉴于此，本文选取中国传统生态环境思想中比较有代表性的民国时期，系统地探讨民国生态环境思想，澄清学界对民国生态环境思想及当下生态环境理论的一些误解，也能为中国特色生态文明建设提供有力的历史参照。与此同时，还能够较为系统地在生态环境问题的成因、影响及治理与保护等方面带来很多有益的借鉴和启迪，具有很强的现实指导意义。

具体而言，其现实意义首先体现在生态环境是当今世界迫切关注的一个问题。生态环境的恶化是全球性的，为此，很多国家制定了相应的法律法规，采取相应的措施来应对生态环境的恶化；各国学者也著书立作，以期提高各国政府和人民的环保意识。

虽然人类与生态环境关系如此密切，但人们曾长时间地忽视了这个问题，由于人类容易陶醉于征服自然的成就感，"文明人几乎总是能暂时地变成他们所在环境的主人。悲剧在于人类的幻觉认为这种暂时的支配权是永恒的。人类自以为是'世界的主人'，却不能准确地理解自然的法则。"这种情况在人类文明飞速发展的时候更易出现。工业革命给人们带来丰富的物质财富，可是"这种伟大成就大多是建筑在自然环境受到损害的基础上的，是以环境污染、生态破坏和资源枯竭为代价的。它耗尽地球资源，扩大了全球的废物库，出现了地球生态的严重赤字。""当人类向着他所宣告的征服大自然的目标前进时，他已写下了一部令人痛心的破坏大自然的记录，这种破坏不仅仅直接危害了人们所居住的大地，而且也危害了与人类共享大自然的其他生命。"

　　人类征服自然的过程也是破坏生态环境的过程，生态环境的恶化致使灾害频仍、资源匮乏，从而又威胁着人类的性命和财富，这与人类使自己生活更美好的初衷是相背离的。弗伦奇说："人类的生存与发展仍将首要地依赖于大自然。传统经济的一个弊端就在于它错误地低估了自然生态系统的价值。"苏秉琦也指出："人类文明发展到今天取得了重大成就，但却是以地球濒临毁灭之灾为代价的。"池田大作和贝恰则认为："人类今天应当负责任，这是他们贪婪的、缺乏预见性的日常生活的结果。它和核武器的大屠杀这一冲击性的大事件一样，可以导致人类彻底灭亡。"拉夫尔指出："为了保持地球适于人类居住的斗争正处于关键时刻。"余谋昌也说："这个时代，从人与自然、文化与自然的角度，它的两个主要特点，或人类走向新世纪的两大主要遗产是文化的胜利和自然的失败。"虽然这些学者来自不同的国家、不同的研究领域，但对生态环境问题的看法却是如此一致，说明生态环境问题已是全球关注的问题。所以，研究生态环境问题意义重大。

　　生态环境问题是人类面临的永恒问题。作为文明古国的中国有着比别国更长时间和自然相处的历史，前人也认识到了生态环境的重要性。不但总结出生态环境的保护经验，并且制定、采取了相应的保护法令、措施。罗桂环等人认为："在我国历史上的经史子集、科学著作、笔记札记、方志实录、诗词歌赋中确实有大量的与环境保护有关的记载和论述。"曲格平也说："中国长期以来一直深受人口和生态环境问题的困扰，远至春秋，近及明清，有关人口、生态的思想也一直绵远不绝。"在传世文献和考古材料中，这些思想和实践并不难发现。实际上，民国时期更是如此。

中国生态环境思想史在中华文明发展过程中具有重要作用，因此国外学者十分重视中国生态环境思想的研究。我们自己又怎能熟视无睹呢？除了弘扬传统思想文化，研究中国生态环境思想史还能给当前的生态环境保护提供有益的借鉴，同时我们也应以西方生态环境破坏所带来的危机为鉴。可是事实却并非如此，当前我国的生态环境状况不容乐观。"中国的自然环境现状：局部有所改善，总体正在恶化，趋势还在发展。森林破坏、草场退化、耕地锐减、资源短缺、水土流失、物种减少、土壤盐碱化、沙漠化、生态系统生产力下降等，自然生态环境已向人们亮出了'黄'牌警告。"时任国家环保总局副局长的潘岳说："由于长期不合理的资源开发，环境污染和生态破坏导致我国的环境质量严重恶化，我国已经是世界上环境污染最为严重的国家之一。"可见我国目前生态环境问题的严重程度。

与如此严重的生态环境问题形成鲜明对比的是国人淡薄的环

境保护意识。在此背景下，探究民国时期生态环境思想，总结历史经验教训显得更有意义。这不仅对唤醒民众的环保意识有作用，同时还能促进我们从新的角度来对中国传统文化进行有益的探索，以弘扬中国传统思想文化，传播中国古老文明。因此，研究民国生态环境思想有重要的现实意义和深远的历史意义。

二、课题研究现状及存在的问题

我国目前的生态环境问题是随着我国经济建设的不断深入而产生的，因此，相对于已经经历了经济迅速发展阶段的西方国家，我国学术界在这一领域的研究起步较晚。直到 20 世纪 80 年代，国内学术界才展开了对民国生态环保思想的研究，令人可喜的是这一研究如今已呈蓬勃发展之势，社会科学和自然科学工作者都对民国的生态环境思想表现出了浓厚的兴趣，都从不同的角度对这一时期的生态环境思想进行了挖掘和研究。

当前，生态环保思想的研究主要集中在以下三个方面：

（一）对生态环保思想起源时期的探索

朱洪涛曾指出："春秋战国时期，保护生物资源的思想，或出于邦国的政策法令，或见于学者们的著书立说，表现得格外活跃。"李丙寅进一步认为："我国古代人民早在先秦时期，在认识环境的自然规律的基础上提出了不少保护环境的思想理论，从而设置了较完善的环境保护机构，并制定了环境保护法令。"袁清林认为："周代在我国环境史上是一个极其重要的朝代。周代普遍建立了相当完善的保护生物资源的体制，制定过法令并较为普遍地得到贯彻执行，因此才使周代在发展生产的同时，较好地保护了自然环境和自然资源，不愧为'黄金时代'的称号。"郭仁成也认为："我国对生态环境有计划的保护实肇端于西周，而盛行于春秋战国。"

罗桂环也认为："早在3000年前的西周时期，自然保护就在中国产生了。"持相同观点的还有张全明，他认为："周代对环境保护的意识已开始萌芽并有所发展，管理水平亦是较高的。"朱松美也说："周代不仅诞生了丰富的生态保护思想，而且建立了完善的法规和健全的机制。"由此可见，中国古代生态环境思想形成于周代是不少学者的观点。了解一种思想的起源能够帮助我们更好地认识其发展过程。

（二）对生态环保思想形成之理论基础的研究

随着生态环境思想研究的不断深入，不少学者已从简单地罗列生态保护的内容转向研究其理论基础。余谋昌指出："中国古代哲学关于'天人合一''天道生生'和'仁爱万物'的思想，'道法自然'和'尊道贵德'的思想，'圣人深虑天下莫贵于生'和'人与天地相参'的思想等，它们对伦理学的理论突破有重要意义。"许启贤也说："'天人合一'的宇宙观、伦理观是中国古代哲学思想和伦理思想的精华之一，是处理人与自然关系最宝贵、最重要的道德原则。"李祖扬等人也认为："中国古代的环境伦理思想，就其丰富性和深刻性而言，都超过同时代的西方，而在总体上则比西方近代机械论自然观支配下的环境伦理思想更为合理。当然，由于时代的局限，中国古代环境伦理思想也存在缺陷和不足。"吴宁探讨了"天人合一"的生态伦理意蕴，并着重评价了"天人合一"思想的得失。李树人等从崇拜自然、人与自然和谐相处的角度，对中国古代生态思想的理论基础进行了探索，这些理论为研究生态环境思想提供了新的思路。

（三）诸子百家生态环保思想的研究

在中国思想史上，诸子思想影响深远，是以诸子百家生态环境思想的研究也呈现出繁荣的气象。因为儒家思想在中国历史上有着重要的地位，所以对儒家生态环境思想进行研究的学者人数最多，成果最为丰硕。不少学者谈论到了儒家学派的生态思想，如郭书田初步探讨了儒家生态思想，黄晓众论述了儒家生态思想的出发点、主要内容、基本要求和现实意义等，朱松美探讨了儒家生态思想的社会渊源，何怀宏从"行为规范""支持精神"和"相关思想"三方面展开谈论了儒家生态思想，而王小健则阐述了儒家的"生态道德理性"和"生态实践理性"两个方面。

2002 年 8 月 5 日，知名学者任继愈、汤一介、杜维明、余敦康、蒙培元、余谋昌等人参加了在北京举办的"儒家与生态"研讨会，这些学者对儒家的生态思想发表了独到的见解，儒家生态思想的研究也由此次会议得以推动。此后，常新、史耀媛等人探讨了儒家生态思想的哲学基础和局限性；刘厚琴则从生态农学观的角度论述了儒家生态思想；乐爱国研究了儒家生态思想的"人道论""结构论""生态观"等方面；汤一介从"易，所以会大道、人道也"的角度，研究了儒家生态思想；孟朝红和李雪丽合理地指出儒家生态思想的消极因素。此外，学者们也开始从儒家哲学家的角度来研究孔子、孟子、荀子的生态思想，如鲍延毅较早探讨了孔子的生态思想及其影响；张云飞则研究了孟子的生态思想；刘婉华研究了荀子的生态思想，并试图从中找到解决现代环境危机的办法；高春花探讨了荀子的生态道德观、生态自然观和生态价值观等；蒲沿洲同时研究了荀子和孟子的生态思想。可见，儒家生态思想的研究是非常全面和具体的，这不仅印证了儒家丰富的生态环境保护思想，也反映了儒家生态思想在中国古代生态思想中的重要地位。

对道家生态思想的研究，也呈现出一幅欣欣向荣的景象。陈明绍撰写了多篇文章，对老子的生态环境保护思想进行了全面、具体的探讨；陈瑞台从生态和谐、生态伦理、生态技术和生态美学思想等几方面挖掘出庄子的生态思想；刘元冠阐述老庄"天人合一""道法自然"和"知止"等思想中所包含的生态思想；赵春福、都爱红论述了"天人合一"的生态环境观、"自然无为"的生态原理和"慈""俭"等生态规范；谢阳举、方红波从环境哲学的角度探讨了庄子生态环境哲学原理；张文彦对儒家和道家的自然观进行了研究；姜葵则指出，中国思想宝库中最有价值的生态理论是庄子的自然观；白才儒认为道教的生态宇宙观、生态伦理思想和生态控制思想源于上古神道传统；乐爱国在《道教生态学》

中对道教生态环境思想的历史渊源、哲学基础、理论要素及伦理构建进行了翔实的论述，其中有许多周朝道家生态环境思想的论述。

关于墨家和法家生态环境思想的研究不是很多。王建荣指出墨家"非攻、兼爱、尚义、节俭、非乐"等主张，和现代环境保护理论密切相关。任俊华等人则认为墨家的"节用而非攻"思想蕴含着可持续发展思想。李永铭也有相同观点。张子侠探析了商鞅的"刑弃灰于道者"的原因，蒲沿洲则探讨了商鞅的生态环保思想的内容和措施。

此外，还有一些学者对民国时期的生态环境的保护和治理进行了研究。对于该时期的研究，有纵观整个民国时期者，也有分时段者。马杰华研究了民国时期国家与大众植树造林活动，对当时人们植树造林的动机、过程以及成效不显著的缘由进行了剖析，为我国当前的生态环境建设提供了参考。王社教对民国初年山西植树造林的状况进行了说明，并分析了该地区植树造林效果不佳的缘由。申成玉阐述了北洋政府发展林业所采取的措施，如建立和完善林业管理机构，发布一系列森林相关法规，发展林业教育和研究，引进西方先进林业人才、技术、设备和思想。对抗战时期的研究较多，如黄正林等对陕甘宁边区政府辖区内的森林分布、因森林过度砍伐所引发的自然灾害和保护森林的政策法规等问题进行了探究。李芳指出，中国共产党和边区当局已经认识到陕甘宁边区生态环境进一步恶化的事实，并意识到保护生态环境的重要性，并为此采取了一些措施，如加强边区的水利建设、森林保护和林业的发展等，改善了边区的生态环境。曹风雷等人对抗战时期的河南植树造林活动进行了探讨，对国民政府当局为应对因生态环境恶化所导致的灾荒而采取的措施给予了肯定，他认为国民党河南省政府在 1944 年 3 月举办的植树节造林运动大会，其颁布的造林计划和采取严禁放火烧山的措施对保护、治理生态环境是有效的。另外，罗桂环对近代生态环境保护刑法的制定和执行进行了探讨，指出晚清、北洋政府未能在环境刑事立法上做出及时的反应，尽管国民政府制定了相关法律，如《中华民国渔业法》《中华民国森林法》等，但未认真实施过。

尽管如此，民国时期生态环保思想的研究仍然存在许多不足之处：

这种不足首先体现在至今未有针对民国时期生态思想的专著问世，已经出版的著作，要么不涉及生态思想，要么不涉及民国时期，如《生态智慧论》《中国环境保护史话》《中国环境保护史稿》《中华五千年生态文化》《道教生态学》等，都是探讨中国古代历代王朝和诸子百家的生态保护的思想和实践，是以常把其作为一个章节来论述，而全面、系统、深入地探讨某个时期的生态思想和相关问题却少之甚少。

这种不足还表现在尽管上述论文、著作对民国时期生态环境各方面都有探讨，如其思想渊源、生态状况和促进思想形成的种种社会因素等，但鲜有把这些因素结合在一起进行集中讨论的，这就使得相关结论比较单一，缺乏说服力。

最后是不能全面地了解民国时期的生态思想，是以不能整体上把握这一时期生态环境思想的演化过程，因此常常得出一些静止、片面、缺乏说服力的结论，很难给人以有益的启发。

三、研究方法及拟解决的问题

葛兆光说过："思想史无疑是一个边界不定的研究领域，它需要社会史、政治史、经济史、文化史、宗教史等为它营构一个叙述的背景，也需要研究者在种种有文字的无文字的实物、文献、遗迹中，细心地体验思想所在的历史语境。因此，它不可能笼罩各种历史，但它却可以容纳更多的资料。"生态环境和人类对生态环境的认识是生态环境思想研究的研究对象，我们需要对人类社会和自然环境进行研究，因此，需要跨学科，要以历史学为起点，借鉴地理学、考古学、文字学、哲学、经济学、人类学、社会学等，取长补短，进行全面、客观的研究。

运用上述研究方法，结合当前学术界的研究成果，与此同时，基于民国生态环境思想和实践的研究现状、存在问题，我们尝试探讨以下几个方面的问题：

第一，研究民国时期生态环境思想的历史文化渊源。任何一种思想都有其历史渊源，民国时期的生态环境思想源于早期人类社会的文化，大量的文献材料证实了早期人类社会存在的文化中蕴含着生态环境因素。

第二，对民国时期的生态状况及成因进行研究。我们唯有知晓民国的生态状况及造成这种状况的原因，才能分析出这一时期生态问题形成的真实缘由，进而得到有益的借鉴。同时，通过对民国生态状况的客观描述，我们可以更好地了解中华人民共和国成立前我国的生态环境状况，有助于现代环境史和思想史的研究。

第三，探讨民国时期生态环境思想的内容。只有了解了民国生态环境思想的内容，才能知晓前人对生态环境问题的认识水平以及他们曾经做过的工作，并从中找出有益于当前的启示。

第四，对民国时期生态环保思想的发展变化的研究。民国时期的生态环境思想经历一个不断发展变化的过程，对这个过程的了解，能使我们认识到，民国生态思想曲折的发展历程，并从中得到有益的启示，如帮助我们完善当前环境保护的法律法规、思想教育工作等。

第一章　民国时期生态环境思想的产生背景

第一节　民国时期生态环境思想的历史文化渊源

一、生态环境思想的文化传承

"文化发展的正常轨道是继承，是延续，而不是断裂。"一个时代的思想文化必须是上一代思想文化的继承和发展，生态环境思想自然也不例外。迪尔凯姆说："这些信仰、规则，不仅在于它们是世代相传的集体行为，而且在于它们还具有特别的强制力，通过教育传授给我们，使我们不得不遵从，不得不沿用。"狩猎和采集是远古人类生存的主要凭仗，过分依附于大自然的生存环境，使人们产生了万物有灵的观念以及图腾崇拜。农业和畜牧业的出现，降低了人类对大自然的依赖度，此时，便形成了新的思想和文化，这些新思想、新文化并非对原有思想文化的简单替代，而是继承和发展，旧文化中有用的因素仍然能够保留下来，并且影响着人们的思想。到了周朝，万物有灵、图腾崇拜已经失去了其在生态环境思想中的地位，可是以前的文化短时间内不可能消逝，因此，周人论述其生态环境观点时，常常从前世社会寻找理论依据。虽然一些内容的真实性有待商榷，但起码表明生态环境思想有着悠久的历史。

两周属于礼治时代，道德规范在当时对于人们的伦理道德等具有很大的约束作用。周朝思想家往往假托圣人来论述他们的理论。《商君书·画策》记载说："昔者昊英之世，以伐木杀兽，人民少而木兽多。黄帝之世，不麛不卵，官无供备之民，死不得用椁。"《大戴礼记·五帝德》："（黄帝）时播百谷草木，故教化淳鸟兽昆虫，……节用水火材物。"可见，黄帝之时人类就存在保护环境的意识了。

相比于黄帝时期生态思想的抽象，夏禹时期的生态思想是比较具体的，据《逸周书·大聚解》记载："旦闻禹之禁，春三月，山林不登斧，以成草木之长；夏三月，川泽不入网罟，以成鱼鳖之长。"尽管不能确认此篇是否是西周的文献，但无论它成于什么时候，可以看出大禹时期就已经有了生态保护思想，正好反映出其理论依据恰是来源于上古流传下来的思想文化。相同的记载还见于《大戴礼记·五帝德》："（禹）巡九州，通九道，陂九泽，度九山。"

《国语·周语下》记载："灵王二十二年，谷、洛斗，将毁王宫，王欲壅之。"讲的是针对当时发生的生态环境问题，"王欲壅之"是指太子晋反对他的想法。为此太子晋也寻理论依据于古代社会：晋闻古之长民者，不堕山，不崇薮，不防川，不窦泽……是以民生有财用，而死有所葬。然则无夭、昏、札、瘥之忧，而无饥、寒、乏、匮之患，故上下能相固，以待不虞，古之圣王唯此之慎。

该段文字讲的是古代统治者对生态问题十分重视，但其出发点是为了维护统治，他们认为只有生态平衡了，人们才不用为生计担忧，这样才能全国上下都高兴，社会才能稳定。而后作者又用了大量篇幅来对比共工和大禹对待生态环境的态度，前者不尊重自然规律，对生态环境不重视，人民的生活没有保障，最终未能逃脱覆灭的命运，而大禹则充分研究自然规律，并以此为行动准则，良好的生态环境得以维持。同时，人民衣食无忧，从而得到了人民的支持。

由此可知，在周太子晋看来，生态环境保护思想存之已久，并且统治者的统治地位是不是牢固很大程度上取决于生态环境的优劣。商朝承继了古代的生态环境保护思想，据《大戴礼记·礼察》记载："汤武置天下于仁义礼乐，而德泽洽，禽兽草木广裕。"

《史记·殷本纪》的记载则印证了这段话："汤出，见野张网四面，祝曰：'自天下四方，皆入吾网。'汤曰：'嘻，尽之矣！'乃去其三面，祝曰：'欲左，左。欲右，右。不用命，乃入吾网。'"虽然这段史料的真实性不能完全保证，但从中可以看出商汤非常重视对生态的保护。正是由于这种观念家喻户晓，其影响力一直持续到周朝，据《晏子春秋·内篇问上第三》记载，齐景公为满足自己的私欲，大量砍伐树木用来修建宫殿，捕捞鱼类用来满足口腹之欲，破坏了生态环境，著名思想家晏婴以"古者先君"为例对他进行了劝谏。

借圣人之名来论述古代生态保护思想是上述文字共同的特点，有以下几个方面的原因：一是在礼治时代树立典型的作用大、影响广；二是因为年代久远，托于圣人能弥补不知其起源的不足，不假托圣人来论述自己的生态理论的也大有人在，或许源于这种思想在古代的普遍性。如《国语·鲁语上》记载：宣公夏滥于泗渊，里革断其罟而弃之，曰："古者大寒降，土蛰发，水虞于是乎讲罛罶，取名鱼，登川禽，而尝之寝庙，行诸国，助宣气也。鸟兽孕，水虫成，兽虞于是乎禁罝罗，矠鱼鳖，以为夏槁，助生阜也。鸟兽成，水虫孕，水虞于是乎禁罝䍡，设阱鄂，以实庙庖，畜功用也。且夫山不槎蘖，泽不伐夭，鱼禁鲲鲕，兽长麑麋，鸟翼鷇卵，虫舍蚳蝝，蕃庶物也，古之训也。"此处明确指出，生态保护思想是"古训"，认为古代生态保护有着较为全面的思想，他用它来说服鲁宣公，表明他继承并接受了这一思想。

综上所述，周代思想家在阐述其生态环境保护思想时，往往喜欢从其前代社会寻求理论依据，由此我们可以看出，在他们的心目中，生态环境保护思想在其前代社会已经存在，而且已经发挥过重要的作用，因为这些思想对于人类社会的稳定非常重要，所以得以继承，并得到历代政治家、思想家的大力提倡，所以在周代它们应该依旧被继承，为保护周代的生态环境发挥应有的作用。

二、农业文明与生态环境思想

中国的农业生产有着悠久的历史，大量原始农业遗址已经证明了这一点。根据文献记载，在远古的神农、黄帝时期，就已经产生农业了：

神农氏作，斫木为耜，揉木为耒，耒耨之利，以教天下。（《周易·系辞下》）

神农乃始教民播种五谷，相土地，宜燥湿，肥烧、高下，尝百草之滋味，水泉之甘苦，令民知所避就。（《淮南子·修务训》）

神农因天之时，分地之利，制耒耜，教民农耕。神而化之，使民宜之，故谓之神农也。（《白虎通·号篇》）

上面的这段材料都表明农业源于神农时期，《大戴礼记·五帝德》记载：（黄帝）时播百谷草木，故教化淳鸟兽昆虫。《史记·五帝本纪》也记载：（黄帝）时播百谷草木，淳化鸟兽虫蛾。从那时直到清代，古代中国始终是一个以农业为主的国家。

这种深厚的农业文明的积累，影响了这个环境中形成的思想文化。如张岱年所说："中国古代的哲学理论、价值观念、科学思维以及艺术传统，大都受到农业文化的影响。"还有人认为："农业的产生是人类发展史上的第一次巨大飞跃，它成为一切文明的基础。"民国时期也不例外，这一时期的生态环境思想也和农业文明密切相关。"农业起源，说到底就是人与外界环境的关系问题。农业的产生，就是人不再单纯地仰仗环境，而是利用环境转而破坏旧有的生态平衡，开发环境，把人的因素带到整个自然界的平衡中去。"在以狩猎、采集为主要生存手段的时期，人类对自然生态环境的影响是很小的，正如《盐铁论·散不足》篇所描绘的那样："古者，采椽茅茨，陶桴复穴，足御寒暑，蔽风雨而已。及其后世，采椽不斫，茅茨不剪，无斫削之事，磨砻之功。"

随着农业的产生，人类对生态环境的影响显著增强。耕地是进行农业生产的首要条件，而在远古社会时代，生产力极度落后、生产工具极为简陋，火是取得耕地最简单实用的方法。文献对此有大量的记载：

黄帝之王，……烧山林，破增薮，焚沛泽，逐禽兽，实以益人，然后天下可得而牧也。（《管子·揆度》）

黄帝之王，谨逃其爪牙。有虞之王，枯泽童山。夏后之王，烧增薮，焚沛泽，不益民之利。（《国准》）

（舜）使益行火，以辟山莱。（《大戴礼记·五帝德》）

舜使益掌火，益烈山泽而焚之，禽兽逃匿。（《孟子·滕文公

上》》

　　在非常长的时间里，焚烧山林开辟农田成为古人发展农业生产的主要办法，且这种行为并没有对整个生态环境构成很大的威胁，因为当时的人口数量不多，对耕地的需求也很少，因此对生态环境的破坏也不大。到了周朝，这种办法依然盛行。

　　农业在周王朝的兴起中起了十分重要的作用，《史记·周本纪》记载："弃……好种树麻、菽，麻、菽美。及为成人，遂好耕农，相地之宜，宜穀者稼穑焉，民皆法则之。帝尧闻之，举弃为农师，天下得其利，有功。"之后的公刘"复修后稷之业，务耕种，行地宜，自漆沮度渭，取材用，行者有资，居者有蓄积，民赖其庆。百姓怀之，多徙而保归焉。周道之兴自此始。"所以周朝统治者非常注重农业发展。火烧林木取得耕地依然是周朝发展农业的主要办法，《管子·轻重甲》："齐之北泽烧，火光照堂下。管子入贺桓公曰：'吾田野辟，农夫必有百倍之利矣'"，随着周代社会生产力的发展，尤其是春秋战国之际，生产力的提高促进了人口的增加，人口增加的结果是对耕地的需求量增加，因此人们就会大规模地开垦荒地，生态环境因而遭到破坏。此类情况引发了许多有识之士的担忧，很多思想家提出了"时禁"，即要求适时、适量地利用生态资源。

　　与此同时，人们对自然生态环境的探索、认识受农业生产自身特点的影响。自然再生产和社会再生产相结合是农业生产的一大特点，一方面土壤肥瘠、气候优劣等自然条件决定着农业丰欠，农业生产依赖于自然环境；另一方面，自然环境也受农业生产的影响，生产的过程也是改造生态环境的过程。所以，为了促进生产，农业工作者必然想办法改善环境，这就是生态环境意识的源泉。古人认为天时、地利、人和是农业生产顺利的必要条件，如《管子·禁藏》曰："顺天之时，约地之宜，忠人之和，故风雨时，五谷实，草木美多，六畜蕃息。"《吕氏春秋·审时》认为："夫稼，为之者人也，生之者地也，养之者天也。"这足以证明我们的观点。

在长时间的探索中，前人已经意识到自然规律是不以人的意志为转移的，是客观存在的，如《乾·文言传》所记载："与天地合其德，与日月合其明，与四时合其序，与鬼神合其吉凶。先天而天弗违，后天而奉天时。"就是说人要尊重、适应自然规律，生产实践要以自然规律为指导。因此，生态环境思想是前人认识自然环境的一个结果，影响了以农业立国的中国几千年。

虽然相比于以前社会，周朝的农业生产取得了很大发展，但由于技术条件的限制，单位面积粮食产量依然不高，如《管子·轻重甲》记载了当时的农业产量："一农之事，终岁耕百亩，百亩之收，不过二十钟。"而当时一百亩地的收成，据《孟子·万章下》曰："上农夫食九人，上次食八人，中食七人，中次食六人，下食五人。"战国时百亩约合今天的三十亩，百亩之田的产量仅能保证几个人的生活，可见当时产量之低，考虑到战国时代农业生产已有了质的发展，不难推测出其他时代的粮食产量。

当时单位面积产量的增加跟不上人口的增长，要养活更多的人，开垦更多的农田是有效途径之一，当然还可以拓宽获取生活资料的渠道，如捕杀野生动物，然而这些办法都会破坏生态环境，而生态环境遭到破坏又会导致生活资料的进一步紧缺。在此背景下，有远见的思想家开始呼吁保护野生动物，反对滥杀野生动物，这种思想虽然不是由农业文明直接催生的，但是也和农业文明存在着密切的关系。

三、对自然界认知水平的提高：阴阳五行思想

阴阳五行是中国古典哲学的核心思想，是古人对自然界长时间探索、思考的重要成果，解释自然、社会的变化及法则是其主要功能，影响了中国的天文、地理、历法、建筑、医学及政治等。它和生态环境保护思想究竟有什么联系呢？要了解这个问题，需要分别了解二者的起源、发展及内容。

《汉书·艺文志》有言："阴阳家者流，盖出于羲和之官，敬顺昊天，历象日月星辰，敬授民时，此其所长也。"可见，古人通过观察天文、天象的变化来预测天气的变化，进而指导农业生产。前面我们已经论述了农业与生态环境的关系，尽管《汉书·艺文志》关于阴阳家源流的记载不能全信，但至少可以证明阴阳学说很早就已出现。实际上，阴阳观念在西周时期就已经存在了，在已出土的西周青铜器铭文中，我们不难发现对"阴""阳"的记载，对此葛兆光已经做了论证，在此不再赘述。

西周早期的文献中也有相同的记载，如《诗经·大雅·公刘》篇曰："相其阴阳，观其流泉。"相比于金文和《诗经》零碎的记载，《周易》则十分集中、全面地体现了阴阳思想。《周易》的成书时间，至今并未定论，我们赞同"周初说"，其内容正如《庄子·天下》篇所说："《易》以道阴阳"。我们在《左传》《国语》中，都能见到《周易》的相关内容，涉及秦、郑、卫、齐、周、陈、晋、鲁等国，足以说明其传播广泛、影响之大。因此，葛兆光有言："春秋时代这一观念更加普遍，讨论一种观念的思想史意义，有时也要看它在时间和空间上的有效性。在春秋时代，阴阳观念似乎已经是不言而喻的真理。"事实正是如此，据《国语·周语上》记载："幽王二年，西周三川皆震。伯阳父曰：'周将亡矣！夫天地之气，不失其序；若过其序，民乱之也。阳伏而不能出，阴迫而不能蒸，于是有地震。今三川实震，是阳失其所而镇阴也。阳失而在阴，川源必塞；源塞，国必亡。'"

伯阳父认为阴阳失序是发生地震的原因，现在看是不符合科学道理的。但从另外一个角度看，这恰是阴阳学说的实际运用，说明了阴阳学说在当时之流行。同时，阴阳失序会致使灾难，阴阳相济才能保证平衡、社会和谐，这也是阴阳学说中生态环境保护思想的体现。因此，杨向奎有言："阴阳的发现，早于西方的原子说而优于西方的原子说。到现在为止，在哲学上，在基础科学上，正负、阴阳的概念永不可少，没有它们的存在也就没有宇宙，保持它们之间的平衡，是世界上最重要的'生态平衡'。"

五行学说也是一种古老的思想，在中国思想文化史上有着广泛而深远的影响。关于"五行"，最早的记载见于《尚书·洪范》："惟十有三祀，王访于箕子。王乃言曰：'呜呼！箕子。惟天阴骘下民，相协厥居，我不知其彝伦攸叙。'箕子乃言曰：'我闻在昔，鲧陻洪水，汩陈其五行。帝乃震怒，不畀洪范九畴，彝伦攸斁。鲧则殛死，禹乃嗣兴，天乃锡禹洪范九畴，彝伦攸叙。'"刘起舒说："《洪范》原是商代奴隶主政权总结出来的统治经验、统治大法。"齐文心、王贵民等人也说它是箕子向周武王陈述的治国大法。杨向奎则说："《洪范》五行说，早于春秋，它代表了宗周时代的社会思潮。"葛兆光说："在比文献记载更早的时代里，已经有'五行'思想。"可知，五行学说应始于商、周之际，盛行于战国后期，到了汉代形成体系。因此，研究中国古代思想文化，五行学说是一个必须讨论的问题。

《尚书·洪范》中记载：五行，一曰水，二曰火，三曰木，四曰金，五曰土。五行就是指金、木、水、火、土五种实在的物质。把这五种物质称为"行"的原因，《白虎通·五行》解释说："言行者，欲言为天行气之义也。"可见这一学说和自然界有着密切的联系。《尚书·洪范》还进一步阐述了构成世界的五种物质的性质和功能，"水曰润下，火曰炎上，木曰曲直，金曰从革，土爰稼穑。润下作咸，炎上作苦，曲直作酸，从革作辛，稼穑作甘。"不难看出，五行说认为世界的本源是物质的，这种观念的形成在当时产生了很大的影响。

《左传》襄公二十七午子罕有言："天生五材，民并用之，废一不可。"杜注言"五材"就是金、木、水、火、土五种物质；昭公元年医和云："天有六气，降生五味，发为五色，征为五声，淫生六疾。六气曰阴、阳、风、雨、晦、明也。分为四时，序为五节，过则为灾。"五味也就是辛、酸、咸、苦、甘，五色即白、青、黑、赤、黄。杜注说："金味辛、木味酸、水味咸、火味苦、土味甘"，又说："辛色白、酸色青、咸色黑、苦色赤、甘色黄"。由此可见五味、五色均和五行关系密切。昭公二十五年赵简子言："吉也闻诸先大夫子产曰：'夫礼，天之经也。地之义也，民之行也。'天地之经，而民实则之。则天之明，因地之性，生其六气，用其五行。气为五味，发为五色，章为五声，淫则昏乱，民失其性。"

《国语·郑语》中也有类似的记载："故先王以土与金、木、水、火杂，以成百物。是以和五味以调口，刚四支以卫体，和六律以聪耳，正七体以役心，平八索以成人，建九纪以立纯德，合十数以训百体。……夫如是，和之至也。"可见作者认为世界万物都是由这五种物质组成的，并影响着整个社会生活。此外，昭公二十九年蔡墨说："故有五行之官，是谓五官。……木正曰句芒，火正曰祝融，金正曰蓐收，水正曰玄冥，土正曰后土。"这意味着五行和五神相配的观念已在这时产生。

总而言之，阴阳五行思想已在西周至春秋时期得到普遍认可，并且成为一种思潮，对人们的思想观念产生了重大影响。天、地、人间存在密切的联系，世界是普遍联系的已经成为一种共识。这种共识影响了生态环境保护思想的形成，如《吕氏春秋·十二纪》《礼记·月令》都记载了大量生态环境思想，它们用四季、四方和五行进行配对，并根据每个季节的特性限制人们的行为，如耕种、收获以及砍伐树木、捕杀猎物等，这是阴阳五行思想对生态环境思想影响的体现。

第二节 民国时期生态环境的现状

一、生态环境恶化及表现

土地荒漠化及盐碱化、湖泊的泥沙淤积、生物物种的削减甚至灭绝等是民国时期生态环境恶化的主要体现。

在土地荒漠化及盐碱化方面，王俊斌对内蒙古中西部土地沙漠化情况进行了描述，并对其产生的原因进行了分析，认为过度开垦土地，不合理的生产、生活行为以及国家政策的消极影响是主要原因。苏泽龙利用大量文献数据，说明了明清以来交城及文峪河流域地区的土地盐碱化是生态环境恶化的后果。

在湖泊的泥沙淤积方面，杜耘等人探析了近代洞庭湖的泥沙淤积问题，从自然和人为两个方面进行了分析。就自然因素而言，他分析了近代洞庭湖沉积速率、受灾环境；就人为因素而言，他认为人类围垦、上游森林砍伐是洞庭湖泥沙增多乃至淤积的主要原因，而这又致使湖泊容积不断降低，调洪蓄水能力下降，进而导致洪涝灾害连年不绝。

在生物物种的削减乃至灭绝方面，魏东岩认为，近代气候变暖、工业进程加速、人口增长过快、森林的滥伐、草场的超载放牧、化学制品的乱用、环境污染加剧等，是近代生态环境遭到严重破坏，物种的灭绝速度加快的主要原因，另有气候因素、灾变因素、新兴疾病因素等。

二、生态环境恶化的影响

生态环境恶化的影响一是导致灾荒，二是制约经济发展。

有关生态环境致使灾荒方面的研究具有区域性和时段性。在区域性研究方面，晚清著名学者梅曾亮、魏源描述了长江流域环境的变化，他们认为中国近代人口的激增，导致很多地方盲目垦荒，引起了水土流失，进而导致洪涝灾害频仍。鲁克亮利用黄河下游水患资料分析了致使水灾频发的原因，指出黄河中上游生态环境的严重恶化是近代以来黄河下游水灾频发的主要原因。近代灾荒问题的总述研究以及晚清、民国时期的分期研究是时段性研究的主要内容。关于近代灾荒问题的总述研究，李彦华描述了中国近代灾荒的状况，他认为生态环境的破坏致使生态系统失衡，提高了近代水旱灾害发生的频率和强度。关于民国时期的灾荒研究，胡勇等人分析了民国初年之所以能够出台具现代意义的森林法规和林政出现兴旺局面的原因，他指出森林资源的破坏是致使生态环境恶化的主要原因，为应对这一局面，振兴林业为明智之举。

研究的区域性制约着经济发展，研究主要集中在江西、闽西、福安县等东南地区。许怀林对江西经济发展和生态环境的关系进行了考察，梳理了从新石器晚期到 20 世纪初期经济发展与生态环境的关系，他认为全国大生态环境变动和江西省特殊的地区特征共同推动了经济开发与生态环境关系的演化。戴一峰认为生态环境和人文环境共同导致了 20 世纪上半期闽西社会经济的衰败，相比于人文环境，生态环境的影响更大、时间更长。戴一峰以古田镇为例，说明了调整经济结构能够在原有的生态环境条件下促进经济发展。王辛分析了中华人民共和国成立前福安县的案例，他认为生态环境能够制约社会生产状况及其发展变化。

第三节　引起生态环境恶化的原因

民国时期生态环境遭到破坏较为严重，究其原因，主要是战争和矿藏不合理开采、人口及灾荒等因素造成的。

一、战争和矿藏不合理开采因素

在战争方面，康沛竹对长江中下游地区、黄河流域和西北、西南、新疆等地战后的状况进行了描述，指出战争是生态环境遭到破坏的直接诱因，频仍的战争破坏了中国近代社会的经济，这也导致了晚清的火荒。康沛竹还认为战争破坏自然生态环境，主要是对森林的破坏，如战火会焚烧森林，而构筑堡垒、生产火药、造船都需要木材，对生态环境的破坏又导致了灾情的蔓延。还有部分学者以区域的视角进行了分析，如伍启杰在剖析黑龙江地区的近代林业经济时，指出近代该地区原本是原始森林，但因战争的需要对森林滥砍滥伐，破坏了生态平衡，致使该地区生态环境恶化。

在矿产资源的不合理开采方面，赵珍认为因为采矿技术人才稀缺，落后的开采技术以及最大限度地追求经济利益使得近代开发过程中，忽视了对矿藏周围生态的保护。此种掠夺性开发的后果是，山体和河床的大面积破坏、河流的污染、失衡的生态，进而是失去承载能力的生态环境。

二、人口因素

生态环境遭到破坏的人口方面的原因有两个：宏观的人口压力和移民带来的人口扩张。

人口压力是致使生态环境变迁的主导因素之一，王振堂等人认为长时间的人口压力破坏了生态资源，例如稀缺动植物的灭绝，泰山、燕山、长白山林海的消逝等。生态资源的破坏又致使生态环境的破坏，河口淤积、地下水位下降、城市热岛、荒漠化等生态问题也伴随着出现。

移民带来的人口扩张也会破坏生态环境，陶继波指出清初至民国前期200多年间，大批的内地人口源源不断地迁到河套地区使该地区的气候条件发生了变化，破坏了该地区的生态环境。

王俊斌考察了"走西口"对近代内蒙古中西部社会生态的影响，他认为晚清以来"移民实边"政策的实施带来了大量移民，出现了"放垦、滥垦"现象，加上当地本身脆弱的生态条件和恶劣的社会环境，致使近代内蒙古中西部区域土地出现荒漠化。

导致移民的原因是多方面的，战争就是其中一个重要因素。常云平等人探讨了抗战大后方难民移垦对生态环境的影响，他认为抗战爆发后，国民政府政治中心后移所带来的大后方人口快速扩张和高度集中给后方资源带来空前绝后的压力。这种压力致使人们掠夺性地开发资源，催生了如森林和草地面积缩小、水土流失严重、生物多样性削减等生态环境问题。张根福等人研究抗战时期浙江省的社会变迁时指出，战争给浙江带来了大批的外地人员，人口避难需要搭建房屋、伐薪取暖，加上工业的迁入和新建破坏了后方的森林资源，致使生态环境遭到破坏。

三、灾荒因素

对于灾荒因素，研究区域主要包括河南和陕北地区。

苏全有等人在探讨晚清河南灾荒的影响时认为，灾荒会带来生态环境的恶化，并给出了相应的机制：灾荒会破坏生物圈、水圈，触动反馈机制，导致生态环境失衡；植物的稀缺，缺乏生态屏障，土地荒漠化，生物多样性下降，水生态失调；泥石流、山体滑坡、山洪、干旱等自然灾害不时发生。苏新留探讨了黄河灾害对近代河南乡村的影响，他指出农田生态系统的破坏是对乡村生态环境最大的威胁，因为灾害在致使大批人口死亡、流亡的同时，也会导致土壤沙化、土地贫瘠等。

王颖以 1923～1932 年陕北区域作为案例，分析了自然灾害对大众的影响。他描述了灾难发生时的情景：各县灾民为了活命食用草根、树皮，破坏了植物得以孕育的基础，危害了生态环境，加上动物的大量吞噬也影响了生物链，这也导致生态平衡的间接破坏。

除了以上提及的几个因素，其他学者也从不同的角度给出了分析，如王合群等人探讨了近代中国城市化带来的城市环境问题，包括垃圾问题和污染问题；邵侃等人从历史的视角，对比剖析了历史上中西农业技术的差别，他认为中国以"节约土地"为核心的精耕细作的发展模式加剧了生态环境的恶化。

第二章　精英人物的生态思想

民国时期是我国历史上生态环境遭到破坏较为严重的时期，引起了一些有识之士的关注。本章选取孙中山、张謇、竺可桢和董时进四位代表性人物，总结和分析了这些精英人物的生态思想。

第一节　孙中山生态环境思想研究

生态环境关系着人类的生存和发展，孙中山作为民生主义的倡导者，生态环境是其关注的一个重点领域。本节通过分析孙中山有关生态环境的主张，概括出其生态环境思想的主体，即加强城市卫生建设，防止疫病流行；兴修水利、植树造林，预防自然灾害发生，笔者认为民生主义是孙中山生态环境思想的核心。

近代以来，战争、人口、灾荒等因素致使我国生态环境遭到严重破坏。孙中山作为中国民生史观的先行者和践行者，在生态环境领域提出了一系列主张，大致可归为两个方面：加强城市卫生建设，防止疫病流行；兴修水利、植树造林，预防自然灾害发生。本节拟对孙中山生态环境思想进行梳理，在总结的基础上提出自己的看法，希望对认识和解决当代日益突出的生态环境问题有所裨益。

一、加强城市卫生建设，防止疫病流行

近代中国的城市化是在"刚刚开始工业化"的基础上展开的，也是在西方资本主义入侵的社会环境下展开的。在此背景下的城市化，其生态环境问题突出并有其必然性。在所有的城市生态环境问题中，水环境卫生问题和街道环境卫生问题最为突出，孙中山探讨了这两个环境问题的现状、成因、对策，他认为城市生态环境污染特别是水环境污染是导致疫病爆发、蔓延的重要原因，提出建设自来水供应设施、建造城市花园等主张来防止疫病流行，改善生态环境。

1. 水环境卫生问题

孙中山先生很早就注意到了水环境卫生问题，他在 1897 年 3 月撰写的《中国的现在和未来》一文中就曾描述过这样的景象，

"沟内污水直接流入河里，而人民就从这些被污染的河里提取他们的饮用水"①、"污秽到极点、难以言语形容的污水供应"②。他在1916 年 8 月的绍兴演讲中提到，绍兴河畔"沿河之厕，急宜迁移于一处，勿使臭气熏天。河道之水，宜急使之清洁，卫生之事，处处宜加宜讲求"。③ 城市水环境卫生是城市存在的保障，水的质量直接关系到人们的生产、生活，与人们的健康息息相关。早在几千年前，管仲就指出水对于生物的重要性，"水者何也，万物之本源，诸生之宗室也。"据彼时水环境卫生状况，孙中山先生断定"中国大城市中所食水皆不合卫生"。当时城市水环境恶劣状况，可以从美国著名社会学者罗斯对中国用水卫生描述中得到佐证，"城市中没有公共用水。在那些位于河边的城市中，未经处理的河水便是居民的公共用水。每天专门负责挑水的人把河水分送到家家户户，从桶内泼出的水整日把通往河边的石级打得湿漉漉的。当挑来的河水过于浑浊不能饮用时，人民一般用装有明矾块并带有小孔的竹筒在水中搅拌几下，使水慢慢澄清。"

对于污水产生的原因，他认为是由于"人烟过于稠密"。发展工业需要大批的劳动力，这为破产农民流入城市创造了条件，从而导致城市人口急剧扩张，随之而来的便是生活垃圾等废弃物的增加，给城市环境卫生带来巨大压力，城市原有生态平衡遭到

---

① 《孙中山全集》第 1 卷，中华书局，1981 年版，第 94 页。
② 《孙中山全集》第 1 卷，中华书局，1981 年版，第 93～94 页。
③ 《孙中山全集》第 3 卷，中华书局，1984 年版，第 349 页。

破坏。

实际上，除了人口过多这一因素外，工业自身带来的废弃物也是水环境污染重要来源。近代"刚刚开始工业化"，工业技术水平落后，工厂利用资源的效率低，导致生产过程中产生大量的废水、废气、固体废弃物；加上西方资本主义的入侵使得企业同时面临国内的残酷剥削和国外市场的激烈竞争，生存发展困难，没有精力顾及污染问题，未经处理的"工业三废"直接排放到自然界，对城市水源、大气等造成污染。

针对水环境卫生问题，孙中山提出应在大城市建设自来水供应设施，他在《实业计划》中指出"除通商口岸之外，中国诸城市中无自来水，即通商口岸亦多不具此者。许多大城市所食水为河水，而污水皆流至河中，故中国大城市中所食水皆不合卫生。今须于一切大城市中设供给自来水之工场，以应急需。"①

2. 街道环境卫生问题

孙中山认为，对于城市的管理者，保障街道卫生是其最重要的工作之一。1916 年 8 月，他在宁波演讲时说："凡市政之最要者，铁路之改良，街衢之清洁是也。"② 整洁、干净的街道环境是改善人居环境、提高生活质量、有效减少疾病、保障居民健康的大事。而当时城市街道卫生状况如何呢？民国初期，很多大城市的道路依然是土路并且狭窄。"天晴时，风与车轮转动得尘土飞

---

① 《孙中山全集》第 6 卷，中华书局，1985 年版，第 387 页。
② 《孙中山全集》第 3 卷，中华书局，1984 年版，第 351 页。

扬，顷刻之间，行人的脸上盖满了尘土。这些乌黑的灰尘中，包含了不少粪质，其有害于一般人之健康，自然是不言而喻的"。1903 年，Krause（克劳塞）博士在他的书中这样描述中国的城市街道："狭窄、肮脏的胡同，充塞着成堆的各种垃圾废物，到处都是带来粪便的水洼和积水坑。公共厕所处于难以描述的状态。普通的中国人似乎并不在意随地大小便，即使在公共大街上。"这两段记载基本反映了当时中国城市街道环境卫生情况。然而面对此种恶劣环境无论是官员还是下层民众，似乎熟视无睹，究其原因可能是"贫困的阶层导致了卫生观念的完全消失。中国官员几乎没有时间和想法去清洁他们的城市。"在这种情况下，城市环境为疫病的发生提供了温床。

针对街道环境卫生问题，孙中山提出建设花园城市，并把广州作为试点城市。他指出："广州附近景物，特以美丽动人，若以建一花园都市，加以悦目之林囿，真可谓理想之位置也。"① 道路两旁大量的花草树木能吸收二氧化碳、制造氧气、调节气候、增加降水、吸尘、杀菌等，它们既能在一定程度上解决街道环境卫生问题，又能美化城市生态环境。

3. 疫病流行的根源在于城市生态环境污染

孙中山认为旧中国流行性疫病发源于城镇而非乡村，"中国的气候是很合卫生的……在乡村里人民一般都是很健康的，疫病的

---

① 《孙中山全集》第 6 卷，中华书局，1985 年版，第 308 页。

发生只是在城镇里"，"清帝国乡区的每一部分几乎都完全免于疾病流行，有的这些乡村的疾病，都是从那些人烟过于稠密、污秽到极点、难以言语形容的污水供应的城市中传入的"。① 在孙中山看来，乡村中的疾病都是从城市传入的，而城市产生疾病的根源在于水环境污染等。据史学家邓拓记载："自民国元年至民国二十六年这一段时期中，单说各种较大的灾害，就有七十七次之多……疫灾亦六次。"②

此外，对于疾病的盛行，除了与城市环境卫生有关外，孙中山认为与饮食亦有关，"人间之疾病，多半从饮食不节而来。所有动物，皆顺其自然之性，即纯听生元之节制，故于饮食之量，一足其度，则断不多食。而上古之人，与今野之人种，文化未开，天性未漓，饮食亦多顺其自然，故多少受饮食过量之病。今日进化之人，文明程度越高，则去自然亦越远，而自作之孽亦多。近代文明人类受饮食之患者，实不可胜量也。"③

同时，孙中山认为近代中国人的各种不良卫生习惯也是各种流行疾病得以传播的原因，并将这些产生不良卫生习惯的原因归结于中国人不注重自身修身养性。他指出"打喷嚏、吐痰、放屁、留长指甲、不刷牙齿等都是修身上寻常的功夫，我们中国人民对这些功夫是很缺乏的。"④ 孙中山先生认为的修身养性程度其实就

---

① 《孙中山全集》第1卷，中华书局，1981年版，第83～94页。
② 邓拓：《中国救荒史》，北京出版社，1998年版，第30页。
③ 孙中山：《卫生要览》，卫生部编印，1929年2月。
④ 《孙中山全集》第9卷，中华书局，1981年版，第248页。

是文明程度，当时中国人卫生意识还很薄弱。

二、植树造林、兴修水利，预防自然灾害的发生

自然灾害和生态环境存在着密切的关系，生态环境恶化会导致自然灾害发生，与此同时，自然灾害尤其是大灾害的发生，也必然会引起生态环境恶化。李文海曾强调："灾荒与生态环境的破坏，二者既是因，又是果，因即果，果即是因，因果循环，往复不已。"因此，对自然灾害的关注，是孙中山生态环境思想的重要内容之一。他分析了自然灾害的成因和影响，提出"兴修水利""植树造林"等改善生态环境的思想和政策来预防自然灾害的发生，改善生态环境。

1. 自然灾害的成因和影响

孙中山先生所处的清朝、民国两个时期是中国自然灾害频繁发生的时期。据《中国救荒史》记载：清朝统治中国 296 年，自然灾害共计 1121 次，是历代中次数最多的一代，其中旱灾 201 次、水灾 192 次、地震 169 次、雹灾 131 次、风灾 97 次、蝗灾 93 次、歉饥 90 次、疫灾 74 次、霜雪之灾 74 次。民国成立后，灾害亦连年不断。从民国元年至民国二十六年的 26 年中，较大的灾害就达 77 次之多，其中水灾 24 次、旱灾 14 次、地震 10 次、蝗灾 9 次、风灾 6 次、疫灾 6 次、雹灾 4 次、歉饥 2 次、霜雪之灾 2 次[①]，如图 2.1 所示。在各种灾害中，水旱灾害所占比重最大，

---

① 邓拓：《中国救荒史》，武汉大学出版社，2012 年版，第 32 页。

清朝时为 35%，民国时为 49.4%。因此，孙中山多是从水旱灾害角度分析灾害成因，提出防灾、救灾措施的。他认为森林植被遭到破坏所导致的生态失衡是造成灾害的重要原因；清政府和封建军阀的腐败统治，帝国主义的侵略和掠夺是灾害产生、加重的重要社会因素。

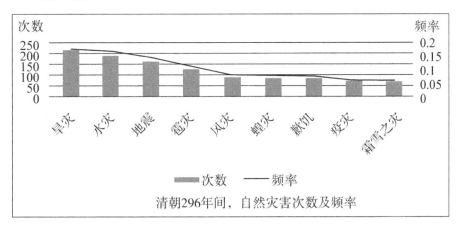

清朝296年间，自然灾害次数及频率

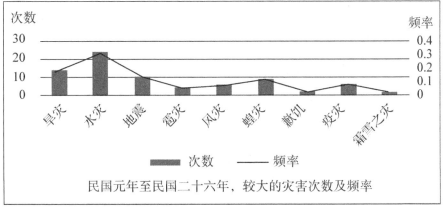

民国元年至民国二十六年，较大的灾害次数及频率

图 2.1　清朝、民国自然灾害统计

年轻时期的孙中山就已关注生态环境问题，1890 年，他在《致郑藻如书》中描述植被遭到破坏的情形："吾邑东南一带之山，

秃然不毛，本可植果以收利，蓄木以为薪，而无人兴之。农民只知斩伐，而不知种植，此安得不胜用耶？"① 1924 年，他在《三民主义》中进一步指出我国水灾、旱灾是生态环境得不到应有的保护而致。他说："近年的水灾为什么是一年多过一年呢？古时的水灾为什么很少呢？究其原因，是由于古代有很多森林，现在人民采伐木料过多，采伐之后又不行补种，所以森林便很少。许多山岭都是童山，一遇了大雨，山上没有森林来吸收雨水和阻止雨水，即成水灾。"②

关于清政府和军阀时期吏治腐败与灾害的关系，他指出，"中国所有一切的灾难只有一个原因，那就是普遍的又是有系统的贪污。这种贪污是产生饥荒、水灾、疫病的主要原因"，在他看来，"官吏贪污和疫病、粮食缺乏、洪水横流等自然灾害间的关系可能不明显，但是它很实在，确有因果关系"③。他还以黄河为例，从制度层面剖析官吏贪污引起灾害的原因，清政府治理河道的官吏大多是通过"捐纳"获取职位的，"因此他们必然贪污"④，为尽快收回"捐官"投入，他们"不惜用人为的方法来造成洪水的灾害"，这样"为了修正河堤，他们会收到一笔费用"，"稻田被破毁了，造成粮食缺乏，就导致大面积的灾荒……救济费就从政府和慈善人士两方面不断交来"，"经常用'公务酬劳'的名义来一个

---

① 《孙中山全集》第 1 卷，中华书局，1981 年版，第 2 页。
② 《孙中山全集》第 1 卷，中华书局，1981 年版，第 858～889 页。
③ 《孙中山全集》第 1 卷，中华书局，1981 年版，第 89 页。
④ 《孙中山全集》第 2 卷，中华书局，1982 年版，第 170 页。

提升，藉以奖励这些雇工修补了一段堤岸的官吏们"。① 对此，他引用一首谣谚来表达自己的憎恨："治河有上计，防河有绝策，那就是斩了治河官吏的头颅，让黄河自生自灭。"② 军阀混战时期，虽然推翻了清王朝的统治，吏治腐败仍是导致灾害频频的原因，"大清帝国留下来的老官僚、武人还没有肃清。从前革命党推倒清朝，只推翻清朝的一个皇帝。但是推翻那个大皇帝之后，便生出无数小皇帝。像现在各省的督军、师长和北京的总统、总长，都是小皇帝"③。"政治腐败不仅从直接层面上破坏了救荒制度，也限制了国家在防灾抗灾方面的经济投入，从而大大降低社会的防灾救灾能力"④。另外，军阀混战，国家无法统一，"所以全国便大乱不已，灾害频至，祸患没有止境"⑤。

帝国主义的侵略和掠夺也是自然灾害频发、加重的一个重要社会因素。帝国主义的入侵使得中国每年损失高达 12 亿元，极大地削弱了中国社会对自然灾害的抵御能力，"每年要受这样大的损失，故中国的社会事业都不能发达，普通人民的生机也没有了。专就这一种压迫讲，比用几百万兵来杀我们还要厉害。况且外国背后更拿帝国主义来实行他们经济的压迫，中国人民的生机自然

---

① 《孙中山全集》第 1 卷，中华书局，1981 年版，第 90 页。
② 《孙中山全集》第 1 卷，中华书局，1981 年版，第 94 页。
③ 《孙中山全集》第 9 卷，中华书局，1986 年版，第 59 页。
④ 苏全有，郑伟斌：《李文海与中国近代灾荒史研究述评》，载于《防灾科技学院学报》，2008 年，第 10 卷第 4 期，第 100～105 页。
⑤ 《孙中山全集》第 9 卷，中华书局，1986 年版，第 59 页。

日蹙了，游民自然日多，国势自然日衰了！"① 孙中山进一步举例加以说明：民国十年至民国十二年，中国北方各省连续大旱，京汉、京奉铁路沿线一带多有人饿死，而牛庄、大连许多的麦、豆还要运出外国。这是为何呢？他分析道："就是由于受外国经济的压迫。因为受了外国经济的压迫，没有金钱送到外国，所以宁可自己饿死，还要把粮食送到外国去"②。

总之，孙中山更多的是从社会因素方面分析自然灾害的成因，既认识到人类不合理的资源开发，对森林的滥砍滥伐，使土壤的渗水性减弱，从而导致雨季洪水泛滥，同时又认识到官吏腐败、列强的侵略和掠夺致使灾害频发并严重削弱了中国社会对灾害的抗御能力。这些认识触及到了中国灾害频发的根源。

2. 兴修水利——预防自然灾害的治标方法

如前所述，清朝和民国水旱灾害极为频繁。仅水灾而言，据史料记载，在民国 30 多年中，长江、黄河、淮河等各大江河水系都发生过严重的灾害，其中黄河发生 16 次溃决，长江发生 4 次溃决③。灾害极大地破坏了生产力和生产资料，"水决堤溃，数百万生灵、数十万财货为之破弃净尽"④；严重影响人民生活、社会秩序，"居民田园淹没，妻子仳离，老弱转于沟壑，丁壮莫保残

① 《孙中山全集》第 9 卷，中华书局，1986 年版，第 209 页。
② 《孙中山全集》第 9 卷，中华书局，1986 年版，第 397 页。
③ 高文学：《中国自然灾害史》，地震出版社，1997 年版。
④ 《孙中山全集》第 6 卷，中华书局，1985 年版，第 265 页。

喘"①。孙中山认为很多灾害是可以预防的，"中国人民遭到四种巨大的长久的苦难：饥饿、水患、疫病、生命和财产的毫无保障……说到这些困难，就是前三种在很大程度上都是完全可以预防的。"② 他特别强调旱涝灾害的可预防性，认为"筑高堤岸，浚深河道""抽水灌溉"等水利措施是防范旱涝灾害的重要方法和手段。

在《实业计划》（物质建设）中，孙中山系统规划了兴修水利的蓝图，其计划是：①修浚现有运河，即杭州、天津间运河，西江、扬子江间运河；②新开运河，即辽河、松花江间运河及其他运河；③整治江河，即"扬子江筑堤浚水路，起汉口，迄上海；黄河筑堤，浚水路，以免洪水；导西江、导淮、导其他河流"。③同时，他指出"浚深河道"和"筑高堤岸"两项工程同时进行才能完全治标，"筑堤来防水灾是一种治标的方法。此外，还要把河道和海口一带来浚深，把沿途的淤积沙泥都要除去。海口没有淤积来阻碍河水，河道又很深，河水容易流通，有了大水的时候，便不至于泛滥到各地，水灾便可以减少。"④ 他强调要把治河作为"国民之最需要"的事情来抓⑤。对于旱灾问题，孙中山认为可以使用抽水灌溉的方法，"地势极高和水源很少的地方，我们更要用

---

① 《孙中山全集》第2卷，中华书局，1982年版，第187页。
② 《孙中山全集》第1卷，中华书局，1981年版，第89页。
③ 《孙中山全集》第6卷，中华书局，1985年版，第251页。
④ 《孙中山全集》第9卷，中华书局，1986年版，第407页。
⑤ 《孙中山全集》第6卷，中华书局，1985年版，第254页。

机器抽水，来救济高地的水荒"，并进一步指出"这种防止旱灾的方法，好像是筑堤防水灾……水旱天灾都可以挽救"。①总之，孙中山注重通过兴修江河水利，防止水旱灾害，改善生态环境。

除了防洪，孙中山认为兴修江河水利还兼顾航运、造田和水力。在谈及广州河汊改良问题时，他指出："须从三观察点以立议：第一，防止水灾问题；第二航运问题；第三，填筑新地问题。每一问题皆能加影响于他二者，故能解决其一，即亦有裨于其他也。"②他对扬子江、黄河等其他江河湖泊的治理体现了这一治理方针，如对扬子江入海口的整治，"以中水道为河口，于治河与筑港两得其便。一则求深水道以达海洋，二则多收沙泥，以填海为田"③；在黄河两岸除筑堤之外，还应"加以堰闸之功用，此河可供航运，以达甘肃之兰州。同时，水力工业亦可发展"④；为改良汉水，应在襄阳上游设立水闸，"一面可以利用水力，一面又使巨轮可以通航于现在惟小舟之处也"⑤。

3. 植树造林——预防自然灾害的治本方法

孙中山指出，兴修水利只是"一时候的水旱天灾可以挽救"⑥，而非长久之计。要防水旱灾，种植森林是"治本方法"。

①《孙中山全集》第9卷，中华书局，1986年版，第408页。
②《孙中山全集》第6卷，中华书局，1985年版，第310页。
③《孙中山全集》第6卷，中华书局，1985年版，第275页。
④《孙中山全集》第6卷，中华书局，1985年版，第265页。
⑤《孙中山全集》第6卷，中华书局，1985年版，第298页。
⑥《孙中山全集》第9卷，中华书局，1986年版，第408页。

在《实业计划》中，他以黄河为例指出，"黄河之水，实中国数千年愁苦之所寄……整理堤防，建筑石坝，仅防灾工事之半而已；他半工事，则植林于全河流域倾斜之地，以防河流之漂卸土壤是也"①。他从生态学的角度阐释了森林的作用，指出森林能够蓄积雨水，"有了森林，遇到大雨时候林木的枝叶可以吸收空中的水，林木的根株可以吸收地下的水；如果有极隆密的森林，便可以吸收大量的水；这些水都是由森林蓄积起来，然后慢慢流到河中，不是马上直接流到河中，便不至于成灾"②。同样地，"有了森林，天气中的水量便可以调和，便可以常常下雨，旱灾便可以减少"。③

因此，要防灾便得"造森林，造全国大规模的森林"④。在《建国方略》之《实业计划》中，他明确提出要"于中国北部及中部建造森林"⑤，并作为发展中国经济十大计划之一。同时，他强调种植森林要靠国家来经营，"我们讲到了种植全国森林的问题，归到结果，还是要靠国家经营"⑥，并且"归公家所有"⑦，用以经营"人民之事业，及……救灾、卫生等各种公共之需要。"⑧

---

① 《孙中山选集》，人民出版社，2011年版，第229页。
② 《孙中山全集》第9卷，中华书局，1986年版，第407页。
③ 《孙中山全集》第9卷，中华书局，1986年版，第408页。
④ 《孙中山全集》，中华书局，1981年版，第858～889页。
⑤ 《孙中山全集》第6卷，中华书局，1985年版，第252页。
⑥ 《孙中山全集》第9卷，中华书局，1986年版，第408页。
⑦ 陈嵘：《历代史略及民国林政史料》，载于《中华农学会》，1934年，第87页。
⑧ 《孙中山全集》第9卷，中华书局，1986年版，第123页。

除了预防灾害、保护生态，种植森林也是发展生产的需要。他认为"我国凡于沙漠之区，开河种树，山谷间地，遍牧牛羊，取其毛以织呢绒、毡毯。东南边界则教以树棉、种桑、缫丝、制茶之法。务使野无旷土，农不失时，则出入有节，种造有法，何患乎我国之财不恒足矣"①。他特别提到广西的情况，广西"先是贫瘠之区，但蕴藏异常丰富"，若能遍植树木，"出产一定不少"②。他还从广西"奇嶂耸峙之高山，皆石灰岩层之蓄积"的自然条件出发，指出广西种植树木的可行性，"土山肥厚，可种树木及一切果木"，通过发展林业，即可"致富之术，不待外求"③。

三、民生主义——孙中山生态环境思想的核心

何谓"民生"？孙中山曾明确指出：民生就是"人民的生活——社会的存在、国民的生计、群众的生命"。④ 就生理层面而言，民生就是解决百姓衣、食、住、行等物质生活问题，"研究民生主义，就要解决这四种需要问题"，尤其是"食"的需要，"民生主义的第一个问题，便是吃饭问题"。⑤ 孙中山的生态环境思想是围绕民生主义这个核心展开的。

---

① 《孙中山全集》第 1 卷，中华书局，1981 年版，第 6 页。
② 《文史资料六则》（油印本），转见自钟文典《孙中山论广西建设——纪念孙中山诞辰 130 周年》，《广西文史》1996 年第 2 期。
③ 《孙中山全集》，中华书局，1981 年，第 637～638 页。
④ 《孙中山全集》第 9 卷，中华书局，1986 年版，第 355 页。
⑤ 《孙中山全集》第 9 卷，中华书局，1986 年版，第 394 页。

孙中山对街道卫生问题、水环境卫生问题的关注，除了出于预防疫病、保障人民群众的身体健康目的，同时，也为解决民生中"食""住"的需要。城市卫生建设，一方面改善了国民居住环境，更好地满足民众"住"的需要；另一方面，更好地解决"食"的需要。孙中山指出，我们人类养生活的粮食最重要的有"吃空气""吃水""吃动物，就是吃肉""吃植物，就是吃五谷果蔬"，"风、水、动、植四种东西，就是人类的四种重要粮食。"① 空气、水的质量很大程度上取决于街道卫生、水环境卫生状况。

孙中山对兴修水利、植树造林的提倡，除了防止水、旱等灾害的侵袭，保护人民的生命财产安全目的，也为解决人民的"吃饭问题"。孙中山指出，要解决"食"中植物粮食问题，便要先研究农业生产问题。对于农业生产，"运送问题"和"防灾问题"是增加产量的重要方法。对于"运送问题"，孙中山指出，河运是解决运输粮食问题的首要途径，"中国古时运送粮食最好的方法，是靠水道及运河……我们要解决将来的吃饭问题，可以运输粮食，便要恢复运河制度"，并给出兴修运河的具体策略，"已经有了的运河，便要修理；没有开辟运河的地方，更要推广去开辟"。②

对于"防灾问题"，孙中山以广东为例说明水灾、旱灾对群众"吃饭"问题的影响，"今年广东全省受水灾的田该是有多少亩呢？大概总有几百万亩，这种损失便是几千万元。所以要完全解决吃

---

① 《孙中山全集》第9卷，中华书局，1986年版，第398页。
② 《孙中山全集》第9卷，中华书局，1986年版，第399～407页。

饭问题，防灾便是一个很重要的问题""像俄国在这次大革命之后有两三年的旱灾，因为那次大旱灾，人民饿死了甚多……可见旱灾也是很厉害的"。他进一步提出将植树造林作为防治旱涝灾害的根本方法，以解决吃饭问题，"对于吃饭问题，要能防止水灾，便先要造林，有了森林便可免去全国的水灾"。① 将生态环境问题与"食""住""行"问题，尤其是吃饭问题直接挂钩，满足多数人的物质生活需要，这正是民生主义的基本视角之一。可见民生主义是孙中山生态环境思想的核心，如图 2.2 所示。

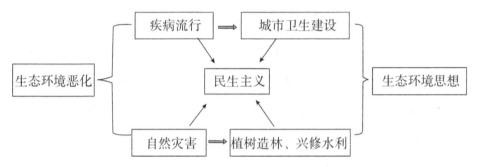

图 2.2　以民生主义为核心的生态环境思想

孙中山认为水环境、街道环境等城市生态环境问题造成疫病盛行，植被遭到破坏等生态环境恶化导致灾害尤其是旱涝灾害频发，进而提出建设自来水供应设施、建造城市花园等城市卫生建设措施，以防止疫病传播、蔓延，采取兴修水利、植树造林等措施以预防自然灾害发生、改善生态环境，这是孙中山生态环境思想的主体。同时，他对生态环境问题的关注，始终围绕"民生主

---

① 《孙中山全集》第 9 卷，中华书局，1986 年版，第 407～408 页。

义"这个核心展开，无论是对城市卫生建设的重视，还是对兴修水利、植树造林的提倡，其目的都是改善国民的居住环境，预防疫病，保障人民群众的健康，防止水、旱等灾害的侵袭，保护人民的生命财产安全，解决人民的"吃饭问题"。

本节从三个方面研究了孙中山一些突出的生态环境主张和论点，限于篇幅，不可能全面而系统地研究孙中山的全部生态环境思想和学说。通过考察，笔者认为孙中山不应仅作为政治人物给予关注，他的以"民生主义"为核心的生态环境思想值得作为典型来进行充分的研究。

第二节　张謇生态环境思想研究

作为早期现代化先驱，张謇不仅在实业方面取得了突出成就，而且在生态环境领域也提出了一系列思想和主张。本节将其分析、归纳为：加强生态城市建设，优化人居环境；注重资源循环利用，形成生态化产业链；发展水利事业，改善生态环境；提倡植树造林，平衡生态四个方面，并从这些分析中认识张謇在生态环境领域的历史贡献。

生态环境关系人民福祉，关乎民族未来。党的十八大会议把生态文明建设纳入中国特色社会主义事业"五位一体"总体布局，首次把"美丽中国"作为生态文明建设的宏伟目标；十八届五中全会提出"五大发展理念"，将绿色发展作为"十三五"乃至更长时期经济社会发展的一个重要理念。推进生态文明建设，把保护生态环境的重大历史任务落到实处，必须重视历史经验的总结。张謇作为中国早期现代化前驱，他在生态环境保护事业的主张及实践有着独特的历史地位。以往已有不少学者把张謇作为实业家进行研究，本节则总结了张謇保护生态环境的历史经验，以期为当代解决好生态环境问题提供历史借鉴。

一、加强生态城市建设，优化人居环境

城市环境问题是伴随城市化进程逐渐凸显的。城市化是指"在一个国家或社会中，城市人口增加、城市规模扩大、农村人口向城市流动以及农村中城市特质的增加"。中国的城市化，是在世界列强侵略后出现的，是在经济十分落后的近代缓慢展开的。由于资本主义的客观影响，在以交通运输业的技术进步推动下，农村、小城镇人口向城市、大城镇迁移，我国近代城市化的发展速度超过以往任何时代。由此带来了人口密度过大、"脏、乱、差"等诸多城市环境问题。作为"近代第一城"设计者的张謇，十分重视城市生态建设。

首先，体现在一城多镇的城市空间布局上。1895年，被张之洞授权"总理通州一带商务"的张謇开始筹办大生纱厂，当时他面临三个厂址选择：一是距离最近的老城区；二是作为水路交通枢纽的城西北侧大码头，该码头处于外江内河之间，交通最为便利；三是远离城中心六公里之外的城西乡村——唐家闸，交通较

为便利。张謇选择了交通"次优"的城西乡村——唐家闸。一方面是"直接"的生态考量，南通属北亚热带和暖温带季风气候，夏季多东南风，厂址设在唐家闸可以减少工业生产带来的废气对城市空气的污染；另一方面是"一城多镇"城市布局的"间接"的生态考量，随着纱厂的成功开办、资本的不断积累，张謇又在唐家闸创办了广生油厂、复新面粉厂、资生治厂等10多个企业，逐渐形成唐家闸新兴工业区。陈翰珍在《二十年来之南通》中有这样的描述："唐家闸工厂林立，盖犹中国之有汉阳也。其街道全为新式，朴素坚实，颇有德国式之风。居住者为大工厂、堆栈、运输所、工人居住所、发买商、原料供应商等，盖完全为工商区也"。现有的研究都认为，张謇将大生纱厂设址于唐家闸只是"直接"的生态考量。笔者认为"直接"生态因素只是考量之一，更多的应该是"一城多镇"城市布局的"间接"的生态考量，唐家闸工业区的形成便是例证。

1902年，张謇将新创办的大生轮船公司设在城西天生港；随后成立大达轮步公司，筹建天生港大达码头，有意将天生港建成南通进出货物的港口城镇；后又兴建电厂，其成为重要的能源动力基地。此后10多年间，又在城镇之间、镇镇之间兴修了河道、公路（见表2.1），形成了一城多镇、城镇相间的城市空间布局。

表2.1　1902年之后，张謇在南通兴建的河道、公路

1905年	修整天生港通往唐家闸的河道，兴建两者间公路
1910年	兴建城区与唐家闸工业区间公路
1912年	兴建城区与狼山风景区间公路
1913年	兴建城区与天生港间公路

　　规划专家阮仪三在其编写的《中国城市建设史》中，将张謇对老城区、新城镇的规划称为"一城多镇"空间布局。张謇构建的"一城多镇"的空间布局与19世纪末英国著名城市理论家埃比尼泽·霍华德在《明日的田园城市》中提出的"田园城市"理论不谋而合。一方面"中心城—绿化隔离带—卫星城"的城市空间结构，可以通过乡村地带的植被，净化工业可能带来的污染；同时，也为今后城市的发展预留空间，避免了因城市扩张带来的各种弊病。

　　其次，反映在营造公园、美化城市上。"适宜人居"是张謇城市建设所追求的重要目标，在实业取得一定成就后重视建造公园，优化人居环境。张謇对公园作用评价甚高，认为公园是"人情之囿，实业之华，而教育之圭表也"。由于"实业教育，劳苦事业，公园则逸而乐，人之理。偿劳以逸，偿苦以乐者，人之情。得逸以劳，得乐以苦者，人之理。以少少人之劳苦，成多多人之逸乐，不私而公者，人之天。因多多人之逸乐，奋多多人之劳苦，以无量数之逸且乐，进小公而大公者，天之人。"所以，要建公园供人们休闲。为此，张謇先后建造了唐家闸公园、北公园、东公园、

西公园、南公园等，见表2.2。

表2.2 张謇于南通建造的公园

公园	时间	地点	用途	当时情景
唐家闸公园	1913年	通扬运河东侧	为工人和居民休闲提供场所	"有溪可钓，有亭可憩，有石可坐，有藤可攀，有花可赏，有茗可品，有栏可倚，有径可游，有岁寒后凋之柏，有出泥不染之芰荷，更有依依之杨柳，嘤嘤之鸟鸣。举凡可以娱目可以畅怀，可以极视听之娱之资料，靡不应有尽有"①
北公园	1916年	老城区的西南濠河一带	供游人观花、赏月、游览	"有大弹子房、听鱼处及量力镫以供游人之游戏。左有茂草原约七、八亩，旁植垂柳。每当春秋佳日，夕阳西下，红男绿女，联翩结队，步柳阴，听流水，人山人海，车马如织，极其乐也。草原左边，有气枪室。室后为公园第一桥，过桥即至（观）万流亭，亭为八角形，分上下二层，……四面临水，唯此一桥可通，围植垂柳数枝，颇与西湖之湖心亭相似。……（观）万流亭能望五山，……亭侧常泊一舫，名曰'苏来'盖购自苏州也"②

---

① 陈翰珍：《二十年来之南通》，载于南通日报，1930年9月刊。
② 张謇：《张謇全集：第二卷》，江苏古籍出版社，1994年版。

续表

公园	时间	地点	用途	当时情景
东、西、南公园	1916年之后	城区	供居民休闲、游憩、娱乐	"南通胜哉江淮皋，公园秩秩之濠，自北自东自南自西中央包，北何有，球场枪垛可以豪，东何有，女子小儿可以嬉且遨；南可棋饮西可池泳舟可漕，楼台亭榭中央高，林阴水色上下交，鱼游兮纵纵，鸟鸣兮调调，我父我兄与我子弟于此之逸，于此其犹思而劳。南通胜哉超乎超"

除了建造以上五个公园外，张謇还在城南建植物园，这也是"中华第一馆"——南通博物苑的前身，该博物馆将馆藏文物与园林相结合，生态特色突出。同时，还绿化道路、建护道林。张謇自己指出，"謇之于通道必植树以表之，皆令人度以相等之丈尺，曰：吾欲使南通新草木咸有秩序耳。"① 他在新城区的街道两旁、老城区的新筑马路两旁均植树绿化，形成林荫道、护道林。当时有人这样描述马路绿化情况"两旁夹植杨柳树，春夏之交，柳叶成荫，微风一起，飘飘动摇，殊觉添却许多风景也"。他建造公园、绿化城市，是追求城市生态化；建设生态人居环境，也是对

---

① 张謇：《张謇全集：第五卷》，江苏古籍出版社，1994 年版。

传统工业城市建设的超越。这是张謇生态城市建设的重要内容。

二、注重资源循环利用，形成生态化产业链

自鸦片战争后，在"西学东渐"思潮的影响下，张謇主张向欧美、日本学习"实用的学问"①，并亲自出国考察、派遣下属对欧美进行考察学习。与此同时，他还注意到了西方工业文明造成的危害。在日考察期间，他这样描述其寄宿的旅馆："门外临江户城濠，濠水不流，色黑而臭，为一都流恶之所，甚不宜于卫生"，并且认识到"此为文明之累"②。回国后，在发展实业时，特别注意生态环境的保护与改进。如在南通创办企业时，注重资源循环利用，形成了以大生纱厂为核心的生态化产业链。

张謇在通州地区办实业是奉命的，但是他通过股份制创办大生纱厂则是他自身决定的，是"自营心计"的结果。1895 年，他在创办大生纱厂时就考虑到工厂所需的原材料以及制成品的销售，"设厂之所，必度厂之四面生货所产，浮于厂之所需大半；熟货所行，浮于厂之所应小半。入乃不竭，出乃不噎"。③ 这里"生货"是指工厂所需的原料，"熟货"是指工厂的制成品。工厂所在地，应是原材料要供大于求、制成品供不应求的地方。

大生纱厂出产的棉纱制成品供应于通州城乡织布，闻名遐迩

---

① 张謇：《张謇全集：第四卷》，上海辞书出版社，2012 年版，第 188 页。

② 章开沅：《张謇与近代中国社会——第四届张謇国际学术研讨会论文集》，南京大学出版社，2007 年版，第 8 页。

③ 《张季子九录·实业录》卷二，《创设崇明大生分厂呈部立案文》。

的通州土布即由此生产。1915 年，张謇从外国购进织布机，办织布工场，生产布料。纺纱工场与织布工场都会产生一种对环境造成污染的废弃物——"飞花"，而这种废弃物恰是工业造纸的重要原料。出于资源循环利用、保护环境的考虑，张謇又创办以"飞花"为原料的大昌造纸厂，该造纸厂由通州竹园纸坊的旧式造纸厂改造而成①，位于工业基地唐家闸。大昌造纸厂生产的纸张又为翰墨林编译印书局提供了原料，也为企业印制账册、学校编印出版教材、新闻媒体印制报刊提供了纸张。虽然大昌造纸厂因为种种原因，经营时间不长，但它却是张謇重视资源合理配置和利用的印证。

为了提高原材料——棉花的供应，张謇还创办了一系列农垦公司，如通海垦牧公司等，以发展棉花种植业，保障大生纱厂有足够的原材料供应。棉花中不仅有用于纱厂的皮棉，还有作为油料资源的棉籽。1902 年，张謇创办以棉籽为原料的广生油厂，生产棉油等其他食用油和工业用油。广生油厂在生产食用油时，会产生油下脚废弃物，这种废弃物是制造肥皂的原料。张謇又创建了大隆皂厂，用广生油厂产生的下脚油脂制造肥皂和蜡烛，供人们生活所需。此外，1904 年投入生产的大兴机器磨面厂生产面粉产品时会产生废弃物——麸子，麸子提炼出的淀粉是浆纱的原料，供给织布工场。以大生纱厂为中心搭建的生态产业链如图 2.3

---

① 江谦：《南通地方自治十九年之成绩》，翰墨林印书局，1915 年版。

所示。

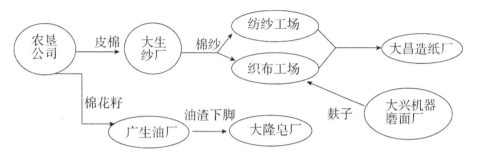

图 2.3　以大生纱厂为中心搭建的生态产业链

在张謇打造的以"大生纱厂"为核心的生态产业链中，我们可以看到，一个企业的制成品或废弃物往往是另一个企业的原材料，废弃物变成可以重复利用的资源而不是有害垃圾，实现了资源节约和循环利用。这种生产模式，使得生产活动由传统"资源—产品—污染排放"的单向线性开放式过程向"资源—产品—再生资源"的闭环反馈式循环过程的转变[①]，实现了自然资源综合利用，提高了资源利用率，建立了以保护生态环境为根本目的的循环经济，减少了工业发展对生态环境带来的负面影响。

三、发展水利事业，改善生态环境

清末民初，由于自然环境的恶化，河床淤积，水患频仍。据统计，仅 1913～1925 年黄河溃决就有 7 次之多。洪涝灾害对生产力和生产资料造成极大破坏；严重影响人民的生命财产安全。"漂

---

① 冯之浚：《论循环经济》，载于《福州大学学报：哲学社会科学版》，2004 年，第 10 期，第 5～13 页。

没村庄、镇集以二三千计……溺死之人，蔽空四下，若凫鸥之出没。"主张实业救国的张謇，一直关注水利事业，并于1914年前后，先后出任导淮局督办、全国水利总局总裁，提出了一系列治理黄河、淮河、长江等的思想和主张，促进了我国水利事业的发展，改善了生态环境。

1887年8月，黄河溃决，"（河）决郑州，夺溜由贾鲁河入淮，直注洪泽湖。"张謇认为黄河水患是天灾，更是人祸。他揭露了负责黄河防汛官员余璜的奢靡生活，"余璜平时溲便用银器……凡村寺演戏无不至，至则先期戒治，帷幔如天宫"[①] 以及委外工司事李祁偷工减料，捞取"治黄"公款的违法行径，"方郑州之告险也，工款犹层层折扣；初十日，河道请三千金资抢护未发，河决银亦未解"。对于黄河水患的治理，他提出堵疏并重，分流入海治理方案，在《论河工五致倪中丞函》中指出"塞为目前计；疏为久远计，而亦即为目前计。"为堵塞方便，他主张趁黄河漫流时，将黄河疏浚，分数支入海，"盖河身深远宽通，一经挽制，大溜水势就下而趋，并归正道；决口浅涸，堵塞易施。然则二者犹裘之领，网之纲……"。此外，他还大力提倡以工代赈的方法疏浚黄河，因为以工代赈"既募灾民，即分遣妥牟，各赴被水村镇；广为召集，多多益善，方能为济。"[②] 即使游勇之徒，"诚能受法

---

① 张謇：《郑州决口记》，载于《张謇全集（卷二）》，江苏古籍出版社，1994年版。

② 张謇：《论河工五致倪中丞函》，载于《张謇全集（卷二）》，江苏古籍出版社，1994年版。

挑土，我即权收其用，盖人灾未弭，为工程增一役夫，即为草野去一盗贼，唯执事图之"。这样，既可以解决赈灾所需人工，又能减少受灾损失，一举两得。

张謇认为淮河的安全事关淮河区域甚至东南区域的安定，"必淮甸（淮河区域）逸（安定）而后东南安，必淮流治而后淮甸逸"①。在全面制定全国水利计划时，将导淮计划看作水利"四端子首"。同时，他指出，若计划能得到实施，"则不仅水利一端得如整理，而地方财力可以渐纾，农业改良可日进矣"。张謇的治淮思想经历了从"复淮"到"导淮"，从"全流入海"到"七分入江，三分入海"的转变。起初，受淮安丁显思想的影响，张謇主张疏浚淮河故道，全流入海。随着调查的深入，他发现，对淮水故道疏浚费时费工且成效不佳，如遇江淮齐涨，仍会泛滥成灾。于是，他在《导淮计划宣告书》中提出江海分疏的思想，得到了当时全国水利局的支持。随后，他又在《江淮水利施工计划书》中明确提出了"七分入江，三分入海"的主张，治淮思想日臻完善。

早在1894年，张謇参加殿试时就开始关注长江治理了，他在河渠策论中就已提出"治水先从下处入手"的治江主张。1921年，江淮水患，下游灾情严重。在复当地人士信中述及："今日之江非治不可……吾苏为长江下游，际此上游图治，吾苏之江非即

---

① 张謇：《条议全国水利呈》，载于《张謇全集（卷二）》，江苏古籍出版社，1994年版。

治不可。"于是，张謇提出了著名的"治江三说"：（1）为治全江计应呈明政府，联合湘、鄂、赣、皖、苏五省水利人士，设立长江讨论委员会，以南京为会所。南京下游，"治江从下游始"。（2）由湘、鄂、皖、赣四省遴选优秀知识青年四五十人进河海工科专门学校学习，培养水利专门人才。（3）为江苏计，境内长江干流宜作统一规划，分段治理。同时，张謇还主张设立长江委员会来应对英国商会设立"长江委员会"的议案。1919年冬，面对英国商会"联合其他国家擅自设立治江机关"的威胁，张謇等人认为："若待外人提出要求，或竟越俎设立，非特国体攸关，授人以柄，而吾国偌大之天然权利从此被外挟制无可挽回，贻害于将来之农田水利、商业、交通，诚非浅鲜"。在他的主导下，由湘、鄂、皖、苏等省共同组成的"长江委员讨论会"宣告成立，也就是现在长江水利委员会的前身，整治长江是其主要职责。虽然，由于种种原因，张謇的治江规划，付诸实践的不多。但是，他提出的以"从下游始"为核心的治江主张以及组建的治江机构，在长江水利史上都具有开创意义，对当时乃至后来的长江治理都具有重要的启示意义。

此外，张謇还注重将现代科技应用于水利建设，并大力倡办水利教育。1887年黄河溃决后，张謇认为：欲治水患，非从测量地形、水准、流量等入手不可。其后，张謇在通州师范设立测绘科，并于1911年在清江设立江淮测量局。到1922年底，江淮测量局已相继得出各种治河所需的数据，共计完成导淮图表1238

册，图 25 卷 2328 幅。此举得到著名水利专家宋希尚的高度评价，其在《河上人语》中说："五十年前用仪器来测量水利工程作为设计依据，不易置信，张公实为推动最力之人。"1915 年下半年，张謇等人创办南京河海工程专门学校（今河海大学），该校是我国第一所培养水利人才的高校，此举开创了我国近代兴办水利教育的先河，也是我国近代水利教育兴起的标志之一。国民政府水利部政务次长，也是河海大学的首届学生沈百先这样评价道："水利之有正式专门学校教育，始于民国四年南通张公季直（謇）在其实业总长兼全国水利局总裁任内首创之河海工程专门学校。欧美教育及工程专家来校参观，惊为世界仅有之水工大学，赞誉我政府贤明远大之措施，以水国著名之荷兰，且派员观摩，计划仿办，对倡办人谋国之忠、眼光之远，备致敬佩。"

四、提倡植树造林，平衡生态

中国是森林资源十分丰富的国家，在周代森林覆盖率高达 53％，由于人口、战争等因素，覆盖率不断下降，到鸦片战争时下降为 17％，而民国仅为 8％左右。森林资源的缩减，导致水土流失加剧，生态环境遭到破坏，自然灾害频发。针对当时"各地大林，采伐殆尽，童山濯濯，所在皆是"生态环境恶化的现状，张謇强调植树造林应对平衡生态、防范自然灾害与国家建设的战略意义，并且提出植树造林、保护环境的具体措施，有效推动了我国环境保护事业的发展。

首先，张謇认为应充分认识到森林的生态效益。他认为生态功能是森林的主要作用，体现在涵养水源，防止泥沙流失；净化空气，防止污染等。他以黄河、扬子江、珠江为例，认为其"岁屡为灾"的原因是上游发源地"无森林涵养水源，防止土沙"，因此"一旦洪水骤发，势若建瓴。方其急流则混挟泥沙，奔泻直下，及遇回曲，溜势稍缓，则沉积而淀，便成涉阻。筑堤防水，水益高而患益烈"。① 张謇对森林在涵养水源、防沙固沙、防止水灾等方面的作用的认识，是很有科学道理的。由于近代黄河、长江、珠江等是水患的多发区，因此，张謇主张在"三干河流近水处设黄河、长江、珠江保安林的编栽局"，负责森林的保护、育苗的购种、植树造林等事宜。同时，植树造林也能美化环境。他在南通等城市"通道必植树以表之""新草木咸有秩序耳"，以净化空气，美化城市。

其次，为充分发挥森林在国家经济建设和人们生产、生活中的作用，张謇主张支持和奖励民间的造林，"官荒山地及不适于开垦之地，准有个人或团体禀造林者，概不收地价。……犹加褒奖"。1915年，他还亲往南京支持紫金山绿化工程，成效显著。如今"紫金山的中山陵郁郁葱葱，占地四万五千余亩，张謇也是有一份贡献的。"② 与此相配套，《造林奖励条例》根据造林面积，树木的成活时间和经济贸易价值，设六种奖励，鼓励民间植树造

---

① 张謇：《张謇全集（卷二）》，江苏古籍出版社，1994年版。
② 沈家五：《张謇农商总长任期经济资料选编》，南京大学出版社，1997年版。

林，绿化山河。张謇认为，奖励造林及试验育苗"必当并举"，"必欲有之，必先试之"。要发展林业，应先开办育苗试验场。为了确保试验育苗的成功，他还制定了《林业试验场所暂行规则》，建立森林事务研究所，开展林业的研究工作。同时，张謇十分重视国民植树造林生态意识的培养。他在当时青岛林务局长赫司关于"植树节和民国纪念日国民每人种树一株"倡议的基础上，建议在法律层面进行约束，"部拟通令各省如法为之"，并希望"南通各校纪念日，亦可仿行"，"学校附近路边空地，及未经整理之荒缘，皆可种之。"这种办法，既能扩大全国林源，又可"养成国民兴起森林之观念"。此外，为了保护、培育和合理利用森林资源，发挥森林蓄水保土、调节气候、改善环境的作用，张謇还参与制定了一系列法律法规，如在任农林、工商总长时，针对我国林业集中的东三省采伐无节的现状，于 1913 年 12 月，草拟颁布了《东三省林务局暂行规程》《东三省林务局分科规则》；1914 年 11 月，在张謇等人的努力下，我国最早的一部《森林法》诞生。

总之，张謇重视植树造林、保护森林资源，平衡生态，防止水灾，改善人们的生存环境。

张謇的生态环境思想既传承中国古代生态思想的精华，又受西方生态思想的影响。中国古代"天人合一"的生态思想，把人与自然看成一个整体，强调人与自然的统一，人的行为与自然的协调，道德理性与自然理性的一致，主张维护人类所处的整个生态系统的平衡。张謇从天人合一核心思想出发，认为人不能违背自然，不能超越自然界的承受能力去改造自然、征服自然、破坏自然，而只能尊重自然、顺应自然。张謇无论是对生态城市的建设，对资源的循环利用，对水利事业的发展，还是对植树造林的提倡，都是顺从自然规律的基础上去利用自然、调整自然，使之符合人类的需要，其生态环境思想继承了我国传统生态思想的精华。另一方面，张謇统筹安排工业、交通、生活及环境保护，合理规划生活环境与人居环境、自然生态与工业生态，是借鉴各种西方近代科学技术和思想的结果。当时中国处在闭关锁国的桎梏中，科技、工业等都落后于西方近百年，对生态建设尤其是城市生态建设尚无完整的思考，仅从本土汲取经验和教训显然不足以解决当时面临的各种生态问题，其成熟、系统的生态环境思想是他潜心向西方求教再结合本土实际的结果。

张謇的生态环境思想对当时及后世社会产生了积极的影响。张謇规划的"一城多镇"空间布局，收录于 20 世纪 80 年代《中国大百科全书》"城市规划"主条目。张謇经营的城市——南通，被我国建筑学规划学界泰斗吴良镛院士称为"中国近代第一城"。南通也凭借张謇建立的"以棉纺职业为中心、相关产业配套"的循环工业体系一度成为中外闻名的区域经济发展的新样板。如著名历史学家章开沅先生曾经指出的，张謇的企业群体是中国旧世纪终结与新世纪发端的众多标志之一。他的"治江三说"理论对我国长江治理产生了很大影响，"有力促进了其后的扬子江水道讨论委员会的成立，对后来改组而成的扬子江水道整理委员会的治江规划也有相当大的影响"。此外，在生态环境领域，张謇开创了多个"第一"，他创办了我国第一所培养水利人才的高校——南京河海工程专门学校，参与制定了我国第一部《森林法》。胡适曾这样评论张謇的创新："他独立开辟了无数新路，做了三十年开路先锋"。①

张謇的生态环境思想远承中国古代生态思想，近取西方近代优秀的生态文化。他的生态环境思想在实施可持续发展的今天，仍有一定的借鉴意义。

第三节　竺可桢的生态环境思想

竺可桢十分重视生态环境问题，对水土保持、人口、资源和环境等问题进行了可贵的思考，并提出了一系列主张、思想，形成了比较完整的生态环境思想。

竺可桢②是中国近代著名的气象学家、地理学家、教育家，也是中国近代地理学和气象学的奠基者。以往对竺可桢的研究主

---

①　陈争平：《张謇与"大生"模式》，载于《管理学家：实践版》，2014 年，第 9 期，第 52～58 页。

②　竺可桢（1890.3.7—1974.2.7），字藕舫，浙江省绍兴县东关镇人（现浙江省绍兴市上虞区）。中国科学院院士，中国共产党党员。1909 年，竺可桢考入唐山路矿学堂（今西南交通大学）学习土木工程，1910 年，竺可桢公费留美学习，1918 年获得哈佛大学博士学位。1920 年秋应聘南京高等师范学校。1934 年竺可桢与翁文灏、张其昀共同成立中国地理学会。1936 年 4 月，他担任浙江大学校长，历时 13 年。中华人民共和国成立后，曾先后担任中国科学技术协会副主席、中国气象学会理事长、名誉理事长，中国地理学会理事长等职。他对中国气候的形成、特点、区划及变迁等，对地理学和自然科学史都有深刻的研究。竺可桢是中国物候学的创始人。（转引百度百科）

要集中在他的科学思想、地理学思想及教育学思想等方面。实际上，"竺可桢是较早注意生态保护问题的科学家。"①。本节通过梳理他对水土保持、资源和环境等生态问题的关注与研究，认为生态环境思想是他整个思想的重要内容，形成了比较完整的生态环境思想②。本节通过总结竺可桢保护生态环境的历史经验，以期为当代解决好生态环境问题提供历史借鉴。

一、保持水土，保护生态环境

水土流失问题是竺可桢关注的主要环境问题。他分析了水土流失问题产生的原因，指出了保持水土工作的意义，并提出了治理水土流失的原则和具体措施。

首先，竺可桢分析了水土流失的原因，他认为人口的增长、统治阶级压榨所引起的森林植被破坏是造成水土流失的主要原因。他认为人口过快增长是导致水土流失和自然灾害的原因之一，并给出传导机制，即人口快速增长—粮食需求大增—大量开垦土地—水土流失和自然灾害。他在著作中多次提到这一现象，他在日记

---

① 刘国华，张幸：《竺可桢科学观初探》，《科学研究》2000 年第 1 期。
② 学术界研究这一问题的有：袁恒谦的《竺可桢生态环境思想研究》（河北师范大学硕士论文）、孙承晟的《竺可桢与可持续发展》（北京大学硕士论文）、王勇忠的《竺可桢可持续发展思想研究》（《环境与可持续发展》，2013 年第 38 期）等三篇文章。此外，樊洪业提出："根据他（竺可桢）对人口、资源和环境问题的持久深切的关注和从历史角度对人类命运表现出来的深层忧虑我们可以隐约地看到'可持续发展'这一重要思想的先期萌动。"竺可桢著，樊洪业、段异兵编，《竺可桢文录》，杭州：浙江文艺出版社，1999 年：333。（转引：王勇忠．竺可桢人口思想研究 [J]．自然辩证法研究，2012（11）：94 - 98．）

中这样写道："（此次人民代表大会）提案凡163件，其中我觉得重要的，有关于水土流失和关于节制生育。我认为这二事……乃当今之急务。"通过考察历史，他在1927年的《直隶地理的环境与水灾》中指出，"直隶在最近三世纪中之所以多水灾，恐怕与直隶的人口和农业有关"；在1936年的《中国的地理环境》中，他又明确指出人口灾荒是造成人口受灾的原因，"虽多半是由于水利不兴，交通不便，但主要的原因还是人口过剩问题"。另外，统治阶级的压榨亦会造成水土流失，"二千年以来，黄土高原人民受统治阶级的榨取压迫，以致滥垦滥牧，使原来的森林草皮破坏无余，这不但加剧了黄土高原的水土流失，而且还造成了黄河下游的灾害"。[①]

随着经济社会的发展及他本人职位的高升，竺可桢开始关注全国范围的水土保持问题。在考察海南岛、雷州半岛时，他指出森林植被的破坏也是导致水土流失的重要原因，"虽然海南岛气候条件本来有利于树木生长，一次烧山后森林恢复还不太困难，但多次的烧山，就使植被的演变愈来愈快地向坏的方面发展，很难有恢复的机会了。制止烧山，制止滥伐森林，已成为当务之急。"同时，他还就当地如何保持水土提出了建议，如教育当地农民"靠山吃山，还要养山"、树立长远利益观、爱护花草树木，使"开发资源和保护自然辩证地联系起来"等。

---

① 《竺可桢全集》，第3卷，《对于今后黄土高原干旱和半干旱地区的水土保持的几点意见》，上海科技教育出版社，2004年版，第551页。

其次，他指出了保持水土的意义。保持水土是治理和开发黄河的根本之策。中华人民共和国成立后，竺可桢担任中科院副院长，主管地理学与生物学相关工作，他通过科学研究、实地考察，认为如果不能解决黄土高原的土壤侵蚀和水土流失问题，黄河的治理和开发问题就不能彻底解决。在1967年的相关日记中，就有这样的记载："黄河中游水土流失问题是基本问题，水土流失不解决，黄河问题就不能解决，黄淮海问题也难解决。不能专靠黄河水土保持委员会，要号召全国注意黄河水土流失问题。""黄河为患至少已达两千多年，其主要矛盾在于黄土高原水土流失严重。近年黄河中游虽然做了不少水土保持工作，但黄河泥沙不见减少，反而有增加的趋势，这是因为筑公路、掘矿山、建渠道、辟新荒等均在斩伐森林，破坏草地，使水土流失面积远超过保持水土的面积。应当使人人了解水土保持的重要性，把破坏水土保持作为犯罪行为，写入中央和地方工矿交通农业建设实施的规则。"因此，解决黄河问题的根本是做好水土保持工作。进一步地，在1955年的第一届全国水土保持工作会议上，竺可桢指出，"根治黄河水害、开发黄河水利问题，关系到这一百三十七万平方公里的辽阔土地上的农业生产，关系到千百万人民的生活和这一地区的社会主义建设。"可以说，保持水土关系到人民的生活和社会主义建设。

最后，竺可桢还指出了水土流失的治理原则和具体措施。他认为治理水土流失应坚持统筹规划、综合治理、注重长远利益原则。统筹规划是因为大自然是一个整体，"自然界的现象本身就是一个互相制约、互相依存的统一整体，是综合的，我们必须按照自然的原样去认识它。水土流失现象关系到地形、水文、植被、气候、土壤、地质等自然因素，采取改造自然措施的时候，就必须根据不同自然特点，有重点分别地采取农、林、牧、水的综合措施，进行全面规划，这既符合自然规律又符合农民的利益。"在具体探讨黄土高原水土流失问题时，他认为治理黄河时生物措施和工程措施两者应并用，"泥沙流失的数量所以大，是和生物措施赶不上工程措施，赶不上初步控制的标准要求有关的，所以，水土保持工作是综合性的……必须工程措施与生物措施齐头并进，必须科学研究与群众经验相结合，这也是用两条腿走路的办法。"① 针对西南地区森林滥伐严重、山坡开垦不断发生的现象，他提出不能因解决粮食增产这一当前问题，而忽略对国家长远发展至关重要的水土流失问题，"我国西南各省雨量比较丰沛，草木易于繁殖。一般来说较之西北干旱区域水土流失的严重情况，是不可同日而语的，但是由于西南林区的大量砍伐和盲目的上山开荒打柴，所以在个别地区仍有水土流失的现象。增加粮食产量本是国家首要任务，但砍伐森林，陡坡开荒，而不加水平梯田等措施，势必导致得不偿失。今后西南地区的农林当局亦必须十分重视水土保持问题，否则等问题搞大了再抓，这样事倍而功半

---

① 竺可桢，《竺可桢文集》，北京：科学出版社，1979 年版，第 385～387 页。

了。"① 在同科学院植物、农业、地理等方面的人员考察晋西北水土保持工作时，他提出保持水土的具体措施：（1）必须继续普查工作，注意总结和提高群众水土保持经验，因地制宜，及时提出水土保持措施的原则性意见；（2）必须加强专题研究；（3）必须加强与地方水土保持试验研究机关以及农、林、水三个研究部门的联系和合作。

水资源、土地资源是生态环境的重要组成部分，也是影响生态环境的重要因素。所以，保持水土就是保护和改善生态环境，水土保持工作本质上就是生态建设工程。耕地面积缩小、水灾频仍、水资源枯竭是水土流失带来的一系列后果。中国的水土流失问题很严重，每年都会造成数百亿元的直接经济损失，对社会造成的其他损失更是不可测算。作为著名的地理学家，竺可桢通过科学的研究、实地调研，强调水土保持工作的重大意义，分析水土流失的原因，提出了许多富有建设性的主张，对当今水土流失问题也具有很强的指导意义和借鉴意义。

二、了解自然，保护资源

中华人民共和国成立后，全社会资源意识的淡薄、政府管理制度的不完善，致使自然资源不合理利用甚至遭到破坏的情况在不少地方出现。竺可桢是主持资源研究工作的中科院副院长，在

---

① 《竺可桢全集》，第4卷，《视察西部南水北调引水地区的报告》，第43页。

进行资源考察工作时，就注意到这一现象，"有些资源由于利用不当，遭到破坏，就一去不复返了，如矿产与土地资源。有的资源被破坏后，需要很长时间才能恢复其增殖能力，如森林、动物、草场与水产资源。"他分析产生该现象的原因，提出了解决问题的措施，主张"要开发自然，必须了解自然"①。竺可桢认为大自然是一个整体。他在《要开发自然必须了解自然》中指出，"所谓自然地理，一方面包括地貌、水文、气候和土壤。另一方面包括动物、植物、微生物等自然分布现象。这些因素是相互制约、相互推动着的。"②"总之，无论在热带森林地区、温带森林区或西北草原区，大自然中各种因素的互相制约、互相为用，是有它一定的规律性的。我们必须掌握推动变化的规律，违背这一规律，就会使大自然走下坡路，森林被破坏变为草原，草原被破坏变成沙荒，这无论在华北或华南都已有活生生的事实摆在我们面前了。"③

竺可桢认为资源遭到破坏的原因是相关部门"管理不善"，"很大程度上是由于有关主管部门的领导缺乏经验、认识不足与管理不善。比如有的部门、有的地区的领导，对自然资源偏重使用

---

① 《竺可桢全集》，第3卷，《要开发自然必须了解自然》，上海科技教育出版社，2004年版，第369页。

② 《竺可桢全集》，第3卷，《要开发自然必须了解自然》，上海科技教育出版社，2004年版，第369页。

③ 《竺可桢全集》，第3卷，《要开发自然必须了解自然》，上海科技教育出版社，2004年版，第376页。

疏于保护，强调局部忽视整体，只顾今天不管明天。如果这种情况不坚决扭转，必将造成严重后果：浪费宝贵资源，影响经济发展；违反科学规律，导致恶性循环；脱离人民群众，贻害子孙后代。"所以，他主张根据自然资源的特点来安排生产，在保护的基础上合理地利用自然资源，这样才能发掘和增殖资源。同时指出了这一主张在建设社会主义过程的战略意义。

竺可桢主张"要开发自然，必须了解自然"。1957 年，他在《要开发自然必须了解自然》一文中指出："（1）要认识到开发利用自然资源，必须按客观规律办事。（2）应该充分认识我国自然资源是有限的，必须十分珍惜。（3）要认识与掌握自然资源与社会需要之间的平衡。（4）开发利用自然资源要有全局观点。（5）资源的利用与保护是统一的。"1957 年，通过对雷琼地区的长期考察，竺可桢发表了《雷琼地区考察报告》。在报告中，他以雷琼地区为例，说明了应如何认识、改造自然，"开发我国热带地区，就是改造该地区原有自然状态的生物地理群落，使之适合于我们经济上的需要，因此原有生物地理群落的破坏是不可避免的，但是在这种改造过程中，必须了解这些群落演变的规律，充分利用这些规律，使这些原有群落的改造过程中全部生物生长发展的情况不至于变得越来越不利于我们——如过去焚毁森林、挖掘草皮等措施使天然森林变成石田荒漠。相反，我们应该使开发的过程，即改造原有生物地理群落的过程，是能提高土壤肥沃程度、保护水源发展灌溉、增加栽培植物的生长速度与它们所能提供的产品率的过程。"① 并在此基础上，提出了资源保护工作的建议："（1）建议中央进一步明确自然资源的合理利用、保护与培育是社会主义建设的根本政策之一。（2）建议中央指示全国各级单位，对中华人民共和国成立十余年自然资源利用的经验教训作一个全面总结。（3）建立健全国家自然资源管理机构。（4）建议更好地把科学家组织起来，为自然资源的利用、改造服务。（5）建议国家像保护古文物一样，将自然保护区的工作抓起来。"

此外，为了保护资源，竺可桢主张建立"自然保护区"。卢嘉锡在《深切怀念竺可桢同志》中指出，"他曾经高瞻远瞩地呼吁要注意环境保护和自然界的生态平衡，要多多设立自然保护区。"② 1963 年，竺可桢与数十位专家学者提议"开展自然保护工作"，并首次提出建立自然保护区。他认为建立保护动植物的特定区域，必须在调查研究的基础上，这样既能保护自然资源，又能保护一些稀有的动植物资源，还能平衡生态环境。在《开展自然保护工作》中，竺可桢指出："随着国民经济的迅速发展，人类活动对自然的影响越来越大，自然面貌发生着急剧的变化，如许多山区原始森林或相继被开发利用，或被无计划地垦殖，再加以某些少数民族地区刀耕火种的习惯迄今为止未完全改变，因而使得某些有代表性的大面积的原始林、次生林和草原等以及依附生存的许多

① 《竺可桢全集》，第 3 卷，《雷琼地区考察报告》，上海科技教育出版社，2004 年版，第 348 页。
② 卢嘉锡：《竺可桢逝世十周年纪念论文报告集》，科学出版社，1990 年，第 3 页。

珍贵动物种类（如内蒙古草原上的黄羊，青海岛上的鸟卵，云南热带雨林中的野象、野牛等）都有遭到破坏，甚至绝灭之虞。这些森林、草原和动植物，都是祖国生物资源中的无价之宝，它们的破坏和绝灭对国民经济和科学文化的进一步发展和发扬都将造成不可弥补的损失。此外，随着矿产资源的扩大利用，著名的地质剖面和一些有代表性的化石地质的破坏或即将消失的现象也不少。因此，在全国各地有计划地建立自然保护区，对保存有代表性的自然森林和其他植物群落、植物区系、地质剖面、化石产地，并进一步用以研究有关自然资源和自然历史的科学问题，从而发挥自然资源在国民经济中的积极作用，都具有非常重要的世界意义。"① 实践证明，他提倡"设立自然保护区"的主张，是一项"功在当代，利在千秋"的伟大项目。

总体来说，"了解自然"是竺可桢开发资源思想最重要的一点。由于"大自然中各种因素的互相制约，互相为用，是有它一定的规律性的。我们必须掌握推动变化的规律。"因此，在进行工作时，应多征求各个领域专家，如植物学家、森林学家等的意见，不能只顾完成当前的任务，而忽视自然规律。

三、提倡物候观测工作以应对环境污染

随着社会生产力的发展，人类改造、破坏自然的能力越来越

---

① 《竺可桢全集》，第 4 卷，《开展自然保护工作》，上海科技教育出版社，2004 年版，第 236 页。

强，特别是到了工业革命以后，人类对自然的影响达到了十分严重的地步。如竺可桢在《要开发自然必须了解自然》中指出，"原始社会时期的人地关系是一种'听天由命'式的环境决定着人类的关系，但在人类从石器时代进入农业社会以后，人地关系发生了一个重要的转折：人类通过有目的的劳动，如砍伐森林、开垦荒地以发展种植，在自然界打下了自己的烙印。人类这种主体地位的日益凸显带来的是'绿色'的黄河流域变成了'黄色'的。"[①]但同时，人类也遭到了自然的无情报复，正如恩格斯所言，"我们不要过分陶醉于我们人类对自然界的胜利。对于每一次这样的胜利，自然界都对我们进行报复。每一次胜利，起初确实取得了我们预期的结果，但是往后和再往后却发生完全不同的，出乎预料的影响，常常把最初的结果又消除了。"到了晚年，竺可桢开始关注环境污染问题，并提出进行物候观测工作来应对环境污染。

竺可桢主要分析了环境污染带来的危害。竺可桢认为环境污染不仅影响动植物的繁衍、人类的健康，而且还阻碍经济社会的发展。他说："世界上越来越多的地区、人类环境受到污染和破坏，有的甚至形成了严重的社会问题。空气受到毒化、垃圾成灾，河流、海洋遭到污染，影响动物和植物的生长繁殖，阻碍经济的发展，严重威胁和损害广大人民的身体健康。"在他的著作、日记中，有许多关于环境污染的记载，如苏联贝加尔湖造纸厂产生的

---

① 《竺可桢文集》，科学出版社，1979年，第1版，第337～338页。

污水给鱼类的危害、美国空气污染对当地农业的影响、伦敦毒雾事件造成的死亡以及日本的水俣病等。在读过卡逊的《寂静的春天》之后，他分析道："近年来乌鸦的数目有所减少，是否如卡逊所说的由于野外放虫药，原因不得而知。"除此之外，他还在日记中比较详细地记载了1972年联合国在瑞典召开的人类环境会议。作为科学家，他还每天测量家中所落尘土的厚度，以此作为测度环境污染的标准。不难看出，竺可桢对环境污染问题的探讨，没有仅限于国内，而是放眼于全球，用各国环境问题事例来看待中国的环境污染问题。

竺可桢认为"环境污染并非一朝一夕所形成的，而是积年累月拖延不加治理造成的。"因此，治理环境污染要能"见微知著"，防患于未然。他提倡进行物候观测来应对环境污染问题。物候观测根据观测内容和方法可分两大类。"一是自然物候观测，主要观测家燕、布谷鸟等候鸟，蟋蟀、蝉等昆虫和青蛙、蟾蜍等两栖动物的始见或始鸣及终见或终鸣的时间；此外，还观测霜、雪、雷鸣和结冰等气象、水文现象的初终日期。这类观测一般不固定地点，多在气象站附近进行。自然物候观测还包括对某些林木花草的观测，木本植物以开花结实3年以上的中龄树为宜，草本植物宜在较空旷、有代表性的地方进行。二是农业物候观测，包括各种作物、林木、果树、牧草和畜禽等生育状况的观测。其中，作物物候观测在农业上应用较广。林木、果树的物候观测与自然物候中的同类对象类同。对作物物候进行观测是为了对一个地区主要作物品种各个发育期的气象条件作出鉴定，因而对的气象要素和处在主要发育期的状况的观测要同步进行。观测时间在不漏测、不迟测的前提下，根据不同发育期出现的规律确定，一般从发育期始期前开始一直到发育期末期，其间保持连续观测。依照作物的不同，可定株观测，也可不定株。观测点设 4 个，观测地段相对固定，面积不小于 3 亩。进入发育期植株的百分率＞10％为发育期始期，＞50％为普遍期，＞80％为末期。"① 他认为，如果能把物候观测网建立起来，物候学的观测方法是监视环境污染的好助手。

此外，竺可桢是我国用气候变迁理论解释"灾害观"成因的先驱。在整个古代中国漫长的历史长河中，以先秦时期阴阳五行学说为基础的"灾异论"一直被作为解释自然灾害的成因。虽然从先秦至明清期间，有许多思想家尝试从自然变动的角度解释自然灾害的成因，但是他们仍未突破传统思维的束缚，未能找到产生自然灾害的根本原因。近代以来，在与西方文明的交流融合过程中，很多中外学者开始使用现代科技知识来解释自然灾害。然而，直到民国，竺可桢用气候变迁理论解释"灾害观"的成因，这是人类对自然灾害成因研究进入一个新认知水平的标志。因此，竺可桢的新"灾害观"思想是灾害学史上具有划时代意义的事件。

综上所述，竺可桢通过分析水土流失的原因，认识到水土保

---

① 百度百科：http：//baike.baidu.com/link? url＝FWHnknxYuq＿CVniW9tWoCew HOz3jl8mZWyhI4Q－IIioomzD7xoaxpEcY＿OtPQ6zZDm－c1Bylh6UakHtL3YvBCq。

持的重要性，并提出了治理水土流失的原则和具体措施。在中华人民共和国成立伊始，他就关注到资源的合理利用问题，主张"要开发自然，必须了解自然"。在晚年，他又敏锐地注意到环境污染问题，并提出进行物候观测工作来应对环境污染。由此，竺可桢对生态环境问题的认识、主张形成了比较系统的生态环境思想。竺可桢的生态环境思想，包含着可持续发展的思想。一定程度上，可以认为，竺可桢是中国可持续发展思想的先驱。基于中国农业社会背景，他对人口、资源及环境等问题的思考，对于探索中国特色的可持续发展道路具有现实意义，与当前中国经济社会发展阶段的"生态文明"建设亦有很多相通之处。一是二者都认识到生态环境与经济社会发展之间的联系和矛盾，以及在不同历史阶段和不同地区的紧迫性；二是二者都认为生态环境问题的长期性与紧迫性，都提出应尊重自然规律和社会发展规律。本节认为竺可桢关于水土保持、资源和环境等问题的生态环境思想对于贯彻中国共产党第十八次全国代表大会提出的"生态文明建设"的理论和实践具有重要指导意义，必将为我国当前生态文明建设提供理论指导和决策参考。

第四节　董时进的生态环境思想

董时进生于 1900 年，是四川省垫江县（现属重庆市）人，是民国时期我国著名的农业学专家，在农业经济、农业教育方面均颇有建树，被认为是中国农业经济学、农业教育学的主要开拓者。作为一位资深的农业学专家，董时进对我国农业的诸多问题提出了一系列主张，在对农业有重大影响的生态环境问题上亦是如此。董时进的生态环境思想大致包括以下几方面内容：控制人口增长以减轻资源环境压力；退耕还林还草以保持水土；兴修水利、植树造林预防旱涝灾害。本节试对其生态环境思想进行初步探讨，希望对解决当前生态环境问题有所裨益。

近代以来，面对连年混战、民不聊生的现实，经历了各种主义纷争的中国知识分子，把视线逐渐转移到中国国内的民情上。生态环境的恶化导致自然灾害的频发，影响了国民的生产、生活，甚至生命。关心中国命运的仁人志士决心从实事做起，从生态环境出发，探索救国救民的道路。那时学者们的研究成果，不仅数量多，而且研究范围广，涉及众多门类，包括生态学、农业学、经济学、社会学、地政学等，并且许多作品成为该学科的开山之作，或是具有里程碑意义的作品。在二十世纪八九十年代，随着生态学研究的深入，民国时期一系列人物的生态环境思想成为国内学界研究热点之一。董时进作为民国著名的知识分子，在生态环境领域提出了很多富有建设性的思想、主张，对其生态环境思想进行研究能为我国生态文明建设提供历史借鉴。

一、控制人口增长以减轻资源环境压力

在人类社会发展的进程中，人口问题是在工业革命以后才出现的。"史前时期的人口增长率大约只是 0.002％，直到 19 世纪初，全世界人口总数尚不过 10 亿，19 世纪的前 50 年，人口增长率还只是 0.8％。"到了民国时期，人口等社会问题呈现在国人面前，社会各界人士积极寻求应对之策，对于人口问题，有两种针锋相对的观点，一种是乐观派的观点，认为中国自然资源丰富，只需完善制度，足够供养中国人，因此，不存在什么人口问题。另一种观点则认为中国人口过剩，当时中国如贫困、社会动乱等问题是由人口过多造成的，认为节制生育是解决中国人口问题的主要途径。持这种观点的人都赞同马尔萨斯人口论在中国的传播。董时进认同后一种观点，主张控制人口，认为控制人口增长能减轻资源环境压力。

首先，董时进对因人口过剩所导致的资源破坏及由此引发的社会周期性的动荡进行了分析。他在《资源保存于民族复兴》中指出，"随着人口增多，人民被迫种植山地和低洼地"，而这一行为，一方面会造成"水土流失和填塞河湖，破环水土资源，带来自然灾害"；另一方面，会引发社会动乱，"这些劣地农民，抗灾荒能力异常薄弱，一遇天灾，必然人祸相伴，社会由此动乱"。董时进用马尔萨斯的人口理论继续分析道："经过一段时期后，人口减少，社会恢复平静。如此周而复始，一次比一次自然资源破坏更厉害，中国人种和文化就越来越差。"同时，他认为人口众多并非国家强盛的必要条件，"中国并不一定要四万万五万万人，有一万万两万万也可以成世界最强的国家"，反而人口少更有利于国家强盛，"如果四万万人中有两三万万时常过着非人类的生活，倒不如只有一两万万，大家都过高尚满足的生活。这样情形的国家才能强盛，物质和精神文明才能进步"。他还表达了对当时人口问题的态度，"这并非说我们要把现在的人杀掉几万万，但是我们对于人口增殖，决不能再行放任，必须远谋有效的广大的节制生育、限制人口的办法，与资源的保存同时进行。"

其次，董时进认为节制人口能保护土地资源。针对当时"中国地大物博，荒地众多，人口密度不大，因此不怕人多"的观点，董时进在《中国何以须节制生育》中指出，中国很多土地不适宜耕种，"新疆、西藏等西部地区占去了中国一大半，这些地方没有多少出息；中国的荒地一种是土地瘠薄，不堪耕种，一种是地势卑下，易遭水淹"，并且把中国的人口情况同外国相比，"中国18省人口密度已接近德国、意大利，超过法国这些高密度国家，论地面的人口密度不如论耕地的人口密度正确，中国人均耕地远低于美国、法国"。同时，动态地看，土地会越来越少，因为"今后为了水土保持必须将部分耕地还给江湖和森林，为了农民增收广种经济作物，种粮食的土地减少，加上工业化后交通、学校、工厂、城市的发展占用耕地，人地比例会越来越失衡"。虽然，开垦荒地能增加土地资源的面积，但是"中国之荒地，无论其为多少，宜悉作为提高人民生活程度之用，不宜以供人口繁殖之资。"因此，为了保护土地资源，必须也只能节制人口。

此外，董时进还从经济社会问题的角度论述了节制人口的必要性。董时进认为：中国国弱民穷，原因在人多。他在《中国何以须节制生育》中指出，"中国地面大，人口总数很多，然而大多数太穷，致一切建设文化都不易发达，所以宁可牺牲量，增进质。我们不用怕人太少，中国的人口怎样也不会减少到列强人口之下。中国弱并不是御侮的人数不够，乃是因太穷、太弱、太愚，穷弱愚的最大原因，便是人太多。必须将数减少，质才容易提高。"同时，中国社会上许多痛苦和罪恶也是由于人口过多。董时进认为穷人之所以穷困是因为自己生养过多。不难看出，董时进主要论述了节制生育、控制人口的必要性，至于具体措施，他希望"政府即社会人士，不惜以各种方法达到节制生育的目的，不必因或有之流弊，而有所顾忌与迟疑"。

近代是我国自然灾害的高发期，除了受地理环境的影响外，人为的因素不可忽略。董时进首次把人口过多列为导致自然灾害的重要因素，他认为人口过多导致过度垦荒，导致水土流失、河湖淤塞，破坏了水土资源，进而引发自然灾害。他还认为，"为了水土保持必须将部分耕地还给江湖和森林"，这样耕地会越来越少，从保护土地资源的角度论证了节制生育的必要性。这些观点都是难能可贵的。然而，他将诸多经济社会问题归罪于人口问题，而忽略更主要的矛盾的行为是值得商榷的。

二、退耕还林还草以保持水土

我国的水土流失问题比较严重，水土流失加剧了生态系统的退化，同时也是退化生态系统的特征之一。保持水土是保持生态平衡的必要条件。所谓水土保持是指适宜土地管理、利用水源和土壤，避免其流失，进而避免对生态环境产生破坏作用。"水土保持"这一概念最早是由美国传入中国，在二十世纪三四十年代，美国曾派两位水土保持专家来华帮助中国进行水土调查、设计。在美国水土保持运动的启示下，董时进开始研究水土问题，提出了山坡地退耕还林还草以保持水土的主张。

首先，董时进分析了民国时期水土流失的现状、影响。作为农业学专家，董时进一直关注农业、农村问题，通过调查研究，他发现农村土地破坏问题非常严重。在《土地破坏与农村衰落》中，董时进指出土壤破坏主要存在的三种情形：一是石沙淹没，土质变坏；二是河流冲溃，将土壤卷走；三是雨水洗刮山上土壤。针对当时土壤破坏的严重形势，董时进发出警告："若不赶紧挽救，大好良田与山林都将变成沙漠和石岩，岂但造成灾荒，真可以亡国灭种。"同时，董时进指出了水土破坏带来的影响：农村衰落、中国的贫困和多灾。他在《土地破坏与农村衰落》中指出农村土地土壤破坏导致了农村的衰落，在《中国天然资源损害的危险及其挽救办法》中，董时进进一步指出："中国贫穷和多灾最根本而又有永久性的原因是天然资源的耗竭和破坏，而不是内战、土匪、官府的剥削、帝国主义的侵略、实业不振、水利不修等表面原因。"中国农业开发历史悠久，在整个历史长河中，伴随着人口的膨胀、技术的发展，人类开发农业的能力不断增强，农业、森林、河流、湖泊等资源要么枯竭要么被破坏，直接造成水土流失和灾害。任意开发农业给中国带来了三大永久性伤害：一是减少肥沃土地；二是减少有利的天然产物，如某些鸟兽鱼鳖；三是变水利为水害。

其次，董时进探讨了土壤破坏的原因。他认为"山坡的开发，河流湖泽的淤塞"破坏了土地。人口膨胀的后果是耕地面积的缩小，人们为了生产更多的粮食，就需要开垦更多的耕地，势必会破坏花草树木，一旦遇到雨水天气，就会导致水土流失。进一步地，董时进从历史和现实的角度分析了原因，他在《中国天然资源损害的危险及其挽救办法》中指出，"造成资源破坏的原因是：一方面，历史上中国人对自然界因果关系没有认识，又因为我们的祖先原来在上游居住，对给下游造成的破坏看不见，只管开发取给，从没有想到后患，一地资源耗尽，然后往他处（下游）迁徙，结果弄到今日多灾极贫的局面；另一方面，今天的目标仍然是地尽其利，着重在开发取用，没有保存地利的意识。"他还对当时开发西北提出质疑，认为西北是我们祖先早已毁坏放弃了的，"我们再回去无异乎厨房的东西吃光了，又跑到垃圾箱里找骨头"。

最后，董时进提出了保持水土的对策。根据董时进的划分，土壤和森林属于不可补充的天然资源，因此这两种资源的保护尤为迫切。据此，董时进提出"停耕山地种林种草是保存资源的根本挽救办法"。要对山地的开垦进行限制，"将已开垦而不宜开垦的山堆，停止耕种，分别种植牧草或栽培树木"。在1944年出版的《国防与农业》中，董时进在该书第十一章对"水土保持与水利问题"进行了专论，他强调应在退耕还林政策实行之前，统筹规划，同时退耕还林要特别注意农民安置。"要将山地停止耕种，必须对于原来居住耕种之人民，设法救济，使能另谋生路。政府必须帮助农民迁徙及改业，或使之另行获得耕种之土地及经营之资本。""停止耕种之土地，并非停止生产，不过改变用途，嗣后经营林业及畜牧，仍须有人从事。某处地方或须划作矿产，其他地方或须培植风景，供人游览，故随处皆可以创造职业的新机会。"此外，虽然美国资源丰富，但其为后人着想，董时进主张学习这种资源利用的理念；在《美国之富源保存运动——愿中国人猛醒》中，董时进介绍了美国政府为保护森林、动物、水土而颁布的法规、政策，以此希望唤醒中国人保护资源的意识。董时进是中国最先提出退耕还林以保持水土的专家，由于种种原因，其主张在国民政府时期并未得到实行。中华人民共和国成立以后，随着国家对退耕还林、水土保持意识的增强，我国水土保持工作开始缓慢推进。尤其是进入21世纪以来，国家相继出台了一系列法律法规，如《退耕还林条例》等，各地开始了大规模的退耕（田）还林（草、湖）保持水土运动。董时进的"退耕还林还草以保持水土"主张在60多年后得到了全面的实施。

三、兴修水利、植树造林预防旱涝灾害

有史以来，中国就自然灾害频仍。早在先秦时期，《孟子·滕

文公上》中就有关于水灾的记载，"当尧之时，天下犹未平。洪水横流，泛滥于天下，草林畅茂；禽兽繁殖；五谷不登，禽兽逼人。兽蹄鸟迹之道，交于中国"。自然灾害影响着人们的生产、生活，威胁人们的生命财产安全。对此，《后汉书》这样描述水灾后的悲惨景象，"洛阳暴雨，坏民庐舍，压杀人，伤禾稼"；明代诗人江盈科的《江南苦雨》中也有"一雨淹旬月，河流处处通。危株栖鹳鹤，大陆走蛟龙。破屋三农泣，炊烟万灶空。江天望鱼艇，蓑笠倚孤蓬"① 的记载。

董时进生活的清末民初，由于森林植被的滥砍滥伐、清政府和封建军阀的腐败统治以及帝国主义的侵略和掠夺，自然灾害频仍。董时进对水旱灾害格外重视，在其多部著作中，都探讨了水旱灾害的成因及防灾、救灾措施。他认为水土流失是水旱灾害的直接因素，森林、山地的砍伐开垦是水旱灾害的间接因素；限制开垦山地、植树造林、兴修水利是防御水旱灾害之策。

(一) 成因

董时进认为水土流失是导致水旱灾害的直接因素，对森林的滥砍滥伐和山地的过度开垦会导致水土流失，是引发水旱灾害的间接因素。董时进在《中国天然资源破坏的危险及其挽救办法》中指出："人类嗣草采伐树木，由平原而山坡，将土地开辟种植，山上土壤失去遮蔽，复被搅松，于是为风雨所冲扩，……泥沙被

---

① 《桃源县志》，《艺文志》卷十六，清光绪十八年刻本。

河流挟至下游，因速度减缓，沿途沉淀，河床及湖泽愈填愈高，于是横流泛滥而成水灾。"[1] 同时，他还指出了由水土流失而形成水灾的严重危害，"不仅是冲毁村落与禾稼，而且泥沙掩埋良田，使成沙漠""岂但造成灾荒，真可以亡国灭种"[2]。董时进还指出了砍伐开垦是如何一步步演变为"旱灾之成因"的，"因砍伐开垦导致石沙淹没[3]，石沙淹没使原本肥美的土壤日渐沙化，久而久之，导致气候变化，干旱天气增多，演变为旱灾之成因。"[4]

（二）防灾之策

对于水灾，董时进认为厉行水土保持是防范此类水灾最有效的办法，其具体措施则包括：

1. 限制山地开垦

清末民初，由于政府疏于管理、民众环保意识淡薄，出现了山地过度开垦的情形。董时进在多篇著作中描述了各地山地过度开垦的情形，在《国防与农业》中描述了四川的情况："三峡两傍的高山，除掉下段的岩石和最上的石峰而外，中间凡有棹面大一块泥土，都是栽种了的。过了峡入四川内地，所有的丘陵，由脚

---

① 董时进：《中国天然资源损坏的危险及其挽救办法》，载于《科学》，1936 年，第 20 卷第 10 期。

② 董时进：《土地破坏与农村衰落》，载于《地政月刊》，1933 年，第 1 卷第 12 期。

③ 董时进：《土地破坏与农村衰落》，载于《地政月刊》，1933 年，第 1 卷第 12 期。

④ 袁野：《董时进旱灾防范思想初探》，载于《兰台世界》，2009 年，第 11 卷，第 26 页。

至顶，无非耕地。很高的大山，只要是可以去人，可以栽东西的地方，近些年来都开光了。……农民勤苦，而不知下游的水灾，就是他们如此造成的。"① 在《中国天然资源损坏的危险及其挽救办法》中，描述了安徽潜山县相似的情形，"我们曾溯河而上，步行约一百里，见山上土壤，概是砂质，凡可以勉强开垦的土地，殆已垦尽。即倾斜甚急，难于攀登之处，亦多种杂粮番薯。……山上既多暴露搅松之泥砂，一遇暴雨，即随着山水流下至平地流速减缓，沿途沉淀，使河底越来越高，水灾就由此酿成。"从以上的分析可知，限制山地开垦能保持水土，进而能防范水灾。

同时，董时进进一步提出了限制土地开垦的三个实施步骤。首先，要确定"可耕"边界，"要做好周密计划，举办之先，必须做好详细的调查测量，以此决定哪些可耕，哪些不可耕"；其次，对已开垦的土地进行分类处理，"对已开垦而不宜开垦的山地，应停止耕种，种植牧草或栽培树木。对已开垦种植且倾斜不太急的山地，才可以继续耕种，但必须使其更近于平坦，或用其他适宜方法，减少泥沙的下降"；最后，政府要对因禁止开垦土地而"失业"的农民设法救济，帮助他们另谋生路。董时进强调指出，"政府应举办各种建设及工矿企业，应优先雇用此地农民。停止耕种之土地，或开发矿产，或培植风景供人游览，为当地农民提供就业机会。"此外，"政府还应注意，此处所需粮食，不能就地生产，

---

① 董时进：《国防与农业》，商务印书馆，1947 年版。

必须由外地提供。通过以上做法，可有效杜绝山地开垦，以及由此带来的水害。"[1]

2. 植树造林，兴修水利

董时进认为森林植被的破坏会导致水土流失，进而引发水灾。他在《国防与农业》中指出，"森林去，农作来，则水灾之酿造开始。今日之水灾，在数千百年前已种其因，今日之砍伐开垦，又为千百年后制造水灾。"可见，在董时进看来森林的砍伐开垦是水灾的重要诱因。他又进一步指出森林破坏引发水灾的机理，即植被破坏引起水土流失，进而导致水灾，"急坡峻岭，应蓄留树木，不宜开垦，以免泥沙下流，淤塞河道，造成水灾。吾国水灾之频繁，主由于河流及湖泽填塞升高之故，其填塞升高之主要原因，则由于两岸坡地之开发。"

因此，董时进主张通过植树造林来防范水灾。此外，他还指出"低矮丛林、荆棘野草"也能像森林一样，覆盖地面、保持泥土。因而，"在停止耕种的山地上应造林植草，以此来保持水土、防范水灾的发生。"

对于防止旱灾，董时进提出了植树造林、兴修水利等措施。

（1）植树造林

前面已经指出，森林植被对防范水灾的作用。董时进从"森林砍伐—石沙淹没—土壤沙化—气候变化—旱灾"这一逻辑出发，

---

[1] 袁野，袁媛：《董时进生态农业思想初探——以水灾防范与救济思想为中心》，载于《辽宁行政学院学报》，2010年，第12卷第5期，第145~146页。

认为"欲防旱灾,应先防水灾,而防水灾则重在植树造林"。在《论旱灾救济》中,他进一步明确指出,森林对于防御旱灾的直接影响。"盖森林不唯可以防水患,御旱亦有殊效。凡有森林之地方,其势纡徐,河水之涸竭较为迟缓,灌溉事业,实利赖之,特称之为水源涵养林者是也。"[①] 因此,植树造林也是防御旱灾之策。

(2) 兴修水利

董时进比较重视兴修水利对防御旱灾的作用。他根据与河流湖泊的距离,将兴修水利工程分为开渠和掘井两类。

关于开渠。董时进举"欧美及亚洲邻国水利灌溉事业发展"之例说明,发展水利灌溉事业对解决我国旱灾问题的意义。他指出:原有天然河道和运河的辐射面积十分有限,仅依靠这些天然河道和运河,很多土地将不能得到灌溉,要解决这一问题只能多凿沟渠及人工河流。实际上,这些沟渠及人工运河不仅天旱时可以灌溉,出现水涝时也可以排水,可谓一举两得。然而当局却未重视此法,"一遇少雨之季顿成旱象者,固意中事"。

关于掘井。董时进指出了掘井适宜地,即河流不及之处,"宜于河流不及之处所,行大规模之掘井,以渠引之灌田。"由于北方地下水位高、上层为黄土的特点,凿井吸水、灌溉田园较为方便,所以掘井之法适用于北方。他还指出了凿井灌溉的显著效果,"其

---

① 董时进:《论旱灾救济》,载于《东方杂志》,1920 年,第 17 卷第 23 期,第 17 页。

效力据记者在京汉及津浦车上所日击，沿途经过旱区，凡有一小水井之处，其四周之农作物郁郁葱葱，大异常态，无之者则遍地赤色，其功用不为小。"由于凿井灌溉的显著效果，加上以往北方水井很少用于大田灌溉这一事实，董时进呼吁当局能"迅拨一宗款项，特组委员会，专司此种工程之设计及办理，则收其效者当亘于百年以后也"。

　　除以上具体措施外，董时进还从人口角度提出了"根本治灾之道"。他认为中国人口过于稠密，"直鲁豫三省每方英里人口密度，乃多至三三六人，六一四人及五一九人，此与世界最拥挤之比利时荷兰之人口密度相伯仲"[①]。人均耕地面积少是灾害频发的直接原因，"中国农民，因种地太少，生产不多，丰年亦贫，故荒年遂不能生存耳。"[②] 因此，董时进认为解决人多地少的矛盾，减轻土地负担才是根本治灾之道。他进一步指出了具体措施：（1）节制生育、限制人口；（2）移民垦殖；（3）开辟各种富源，例如制造、采矿，以便于间接取得他处所生产之粮食；（4）兴办交通，以利于异地间之货物交换，以及粮食的运输。董时进最后指出，"凡此诸端，均所以提高人民之生活程度，俾遇凶年，人民只须稍事节约，而不至流为饿殍，则旱涝虽不能免除，惨祸定可以减少，灾患问题之根本解决，其在斯乎"。

---

　　① 董时进：《水利研究会关于近年华北旱涝灾患调查报告——近年华北旱涝导言》，载于《国立北平研究院院务汇报》，1930 年，第 1 卷第 3 期。
　　② 董时进：《农业经济学》，北平文化学社，1933 年版。

董时进的生态环境思想的产生，是在吸收了中国传统生态思想和经验基础并接受和学习了近代西方的人口学、农学、土壤学等知识的基础上产生的。同时，一些来华西人对中国包括森林破坏、水土流失等生态现状的描述以及清末民初时期突出的生态环境问题大大刺激了董时进探索保护生态环境方法的决心。审视当下，董时进"控制人口增长以减轻资源环境压力，退耕还林还草以保持水土，兴修水利、植树造林预防旱涝灾害"的生态环境思想对解决当前生态问题仍有现实意义。

第三章　民国时期普通民众的生态环境思考

民国时期，生态环境问题一般可分为两类：一是近代城市化带来的人口密度过大、"脏、乱、差"等诸多城市卫生环境问题，及初步的工业化发展所引起的"三废"（废水、废气、废渣）对环境造成的污染问题；二是由于人类对自然资源的不合理开发利用所导致的生态环境问题。对荒地的过度开垦、对森林的滥砍滥伐、水利工程的修建不当都会导致水土流失、土壤沙化、湿地遭到破坏、森林和湖泊的面积快速缩小、旱涝灾害频发、水体污染，最终造成流行病蔓延。除了孙中山、张謇、董时进、竺可桢等精英人物对生态环境比较关注外，作为受生态环境问题困扰的普通民

众对生态环境问题也提出了一系列主张。普通大众关注的生态环境问题集中在三个方面：自然环境、森林、自然灾害

本章对普通民众生态环境思考的分析、总结和参考资料来源于北京大学图书馆《民国时期期刊全文数据库（1911～1949)》和"民国旧报刊"特色库。《民国时期期刊全文数据库（1911～1949)》收录了民国时期出版的25000多种期刊，约1000万篇文献。当前，《民国时期期刊全文数据库》已出版了10辑。北京大学图书馆自建的"民国旧报刊"特色库，目前共有34019册期刊，619385篇全文，"民国旧报刊"特色库的发布，不仅可以使读者在时间和空间上更加便利地利用这些丰富、珍贵的资源，而且可以使读者通过输入篇名、刊名进行检索的方式快捷深入地获取所需资料。

第一节　对自然环境问题的警觉

民国时期，普通民众已对人类与生态的关系进行了思考，相关研究涉及城市生态学、人类生态科学、人类与自然环境、人类与工业生产环境等方面。这些研究从不同角度探究了人和生态环境间的相互作用关系。这些研究不仅在当时具有先进意义，现在来看，也极具借鉴意义。

一、生态学

(一) 城市生态学

1933 年,《南京市政府公报》刊登了端木恺的文章《城市生态学》[①],文中这样写道:"城市生态学,在市政学上,似不多见,所谓生态,原为生物学上之一种名词,系指生物生长之状态而言,今移用于市政学上,盖所以分析城市成立之原因及其状态也。因城市之病态太多,必须设法改进,但此项问题,非一日能解决。"

第一,他分析了"市"的由来和概念,指出社会上常有一普遍之错误观念,认为城市完全系人为之结果,缺乏自然之成分,一般性喜物质文明者,即赞美城市,而一般性喜自然景物者,则厌恶城市,甚至有谓上海市政之所以胜于南京,即因上海之马路较南京平坦广阔,殊不知郊外自然景物,如不加以人工之整理,亦难引起吾人之美誉。城市之表面,虽大部分为人工之结果,然其所以成为城市之原因,完全出于自然之需要。市之由来已久,昔日之市,与今日之市,在意义上虽略有不同,但昔日之市,在城市范围以内,而今日之市,亦由城蜕化而成,犹之人体不论肥瘦,皆由细胞发展而成。市与城在西洋均谓之 city,而 city 一字,本出自拉丁文中,其意义即为人类绝不能单独生活,必结合成集,

① 端木恺:《城市生态学》,载于《南京市政府公报》,1933 年,第 127 卷,第 126～128 页。

互相团结，彼此协助，而人团结之原动力，又完全出于人类天性，即爱与怜。

第二，他谈到公共卫生之失当。城市最讲究卫生，种种设备莫不较乡村完善，人民之身体，似应较强，诚以城市中虽讲究卫生，但有时因讲究卫生，发生种种不良之副作用，如暑天藉由电扇，以解暑气，偶一不慎，反易中暑，又如寒天利用煤球，以消寒气，稍有疏忽，即中煤毒，且城市中之人民，因习惯于优良之环境，身体之抵抗力，逐渐下降，更因人烟稠密，空气恶劣，精神愈加萎靡。

第三，社会道德之堕落。人类之罪恶，因文明愈发达而愈增加，是以种种罪恶，如大规模之绑票，制造假钞之机构，以及娼妓等，莫不见之于今日文明发达之城市。

第四，儿童教育之危机。城市即为万恶之薮，则儿童平时所耳濡目染者，多为不道德之事，年久月深，自难免其不同流合污，是以在城市中儿童之犯罪率，较之乡村，何止倍增。

第五，贫穷给养之苦难。城市，一方面固然使社会繁荣，而另一方面，一般贫穷失业人员之给养，城市为求食之所，如在实业发达、救济事业办理完善之城市，则尚易对付，反之，对于此贫穷失业人民之给养，加以研究。

可见，端木恺认为城市生态学关注的是环境卫生、社会道德、儿童教育、贫穷等各种城市中的社会问题。

（二）人类生态科学

1937 年，惠迪人在《中山文化教育馆季刊》发表《人类生态科学的建立》①，文中探讨了人类生态科学的建立。他首先提出问题，即什么是生态科学。他指出，在生物科学的分类中，很容易找到植物生态学和动物生态学，它们分别以植物与其环境及动物与其环境为研究对象。惠迪人说，他所定义的生态科学也正是指此，不过范围较为扩大。他认为生物——植物动物以及其他生物与其环境的各种关系是生态科学研究的对象是毫无疑问的。但是生物的生态绝不是无因的、自发的，是种种本身的生理刺激及周遭的各种刺激所引起，而不得不做某种行为。这一切刺激便是环境。此后，他又进一步对此进行论述。然后，他又论述了生态科学观点下的心理、社会或人文等科学。最后，给出了文章的结论。

二、人类与环境

民国时期，普通民众还关注了人类与环境的关系。1933 年，楼桐茂翻译了 J. F. Chamberlain 的《人类与自然环境》，并发表于《地理学季刊》②，文章共分为八部分。一是人类与气候，作者认为自然环境对于人类事业的影响，再没有像气候这样大。气候与

---

① 惠迪人：《人类生态科学的建立》，载于《中山文化教育馆季刊》，1937 年，第 4 卷第 3 期，第 1193～1210 页。

② J. F. Chamberlain（著），楼桐茂（译）：《人类与自然环境》，载于《地理学季刊》，1933 年，第 1 卷第 1 期，第 106～117 页。

土壤生产物之间，有极重要的关系。人类的衣食，以及其他很多需要，均直接或间接依赖于植物。吾人或许能统制若干自然物和自然力，但是要改变气候，则非吾人之能力所可及；二是人类与地形，对于助长与阻碍一地方工商业的发展，地形亦能运用它极大的势力。地表形态的跌宕起伏，常能影响广大的农业和基本工业的发展，于此有不少的例证；三是人类与土壤，气候是直接、间接影响于农业的主要因素。地形对于农业亦遂行着一种有力的限制，概如前述。但是，农村人口的密度、土地的卖值、收成的特质与卖值、各种道路以及社会一般的发展，与土壤的性质都有着一定的关系；四是人类与河川，在未有铁道之前，河川于陆上的发展极为重要，盖因河川能予人物的运输以安易，而所费又低廉。经过了几千年，人类已渐渐知道利用自然力，减轻自然的压迫，而增加自身的安适、愉快、财富和利益。时至今日，人类已经能驾驭着此种水力，随意指挥了；五是人类与矿物；六是人类与海岸；七是人类与森林；八是结论。通过上述分析，作者认为气候的情况、地形、土壤、河川、森林、矿藏、海岸线构成了人类的自然环境，地理学的科学家们，就是研究这种环境的成因和演进，研究环境和人类生活间的关系。

此外，1936年，杨伯恺在《研究与批判》中发表的《人类与环境》；1945年，李海晨在《青年与科学》发表的《自然环境与人类分布》也都探讨了人类与自然环境的关系。

三、环境卫生

如前所述，民国时期，城市化带来了人口密度过大、"脏、乱、差"等诸多城市卫生环境问题。由于环境卫生关系到民众的生命健康安全，自然受到普通民众的密切关注。

在《民国时期期刊全文数据库（1911～1949）》输入"环境""卫生"等关键字，出现了以下相关的文献：《环境卫生》（黄天赐，1943）、《环境卫生》（团体作者，1936）、《演讲：环境卫生》（马超俊，1935）、《环境卫生》（团体作者，1934）、《卫生常识：环境卫生》（卫生署，1935）、《环境卫生之重要》（黄万杰，1935）、《环境卫生之重要性》（黄万杰，1936）、《环境卫生概述（未完）》《环境卫生概述（续）》（道林，1936）、《什么是"环境卫生"?》（刘丙卢，1935）；《环境卫生与防疫》（董隆熙，1941）、《家屋及环境之卫生》（建青，1940）；《学校环境卫生：附表》（刘文彬，1936）、《书报介绍：学校环境卫生》（黄贻清、君梅，1945）、《学校环境卫生（未完）》《学校环境卫生（续完）》（黄贻清，1940）、《略谈小学环境卫生》（黄有鉴，1946）、《学校环境卫生》（绿州，1939）；《论著：军队环境卫生》（匿名，1939年）；《上海市的环境卫生》（齐树功，1949）、《区政集锦：赣县改善环境卫生》（新赣南、1942）、《城内环境卫生之设施》（定县通讯，1935）；《工厂环境卫生》《工厂环境卫生（续）》（游连福，1936、1937）、《工厂环境卫生设施》（王世伟、姜，1934）、《糖厂环境卫生》（张文华、钟灵毓，1949）等。

从中可以看出，民国时期对环境卫生的关注，主要集中在以下方面：

（1）什么是环境卫生？为什么环境卫生重要？如 1943 年，黄天赐发表在《中华健康杂志》上的《环境卫生》指出：环境卫生是讲求卫生的初步，也是寻求健康的先决条件。导致我国死亡率高的原因主要集中在可以预防的传染病，如霍乱、伤寒、天花、白喉、疟疾等。根据各地卫生机构报告推算，因传染病致死的比例占百分之七十二。而传染病的流行和分布与环境卫生有关系。环境卫生是什么？它是公共卫生的一部分，包括住屋、饮水、行路、害虫、污染物及垃圾的处理等。这些有关环境卫生的问题若能借政府力量或人民自动办理改善，则我们的健康就有保障，而生活过得舒适。1935 年，黄万杰发表在《北平医刊》上的《环境卫生之重要》论述了饮水、害虫及老鼠、污染物、食物、住房等方面的卫生问题。1936 年，道林发表在《知行月刊》上的《环境卫生概述（未完）》《环境卫生概述（续）》指出：环境卫生之范围甚为广大，举凡个人生活及集团生活日常有关之事物，均被其包含，因生活环境不合卫生，则影响于个人及集团之健康。欧美各国，公共卫生设施完备，卫生常识灌输普及，故其人民体格强壮，死亡率甚小。在我国则一切建设均在草创，公共卫生之设施亦始萌芽，国人之卫生常识异常欠缺，故疾病传播甚速，流行不息，以致造成世界最高死亡率之国家。军队方面，连年奔走于山林荒野之间，居无定所，食无定时，欲求其生活环境之合理卫生，更不可能。军队为一绝大集团，如环境不良，疾病传染甚为迅速，不仅影响个人健康，且降低战斗力，于卫生上最低限度之要求，以保持健康，增强战斗实力。兹特将环境卫生中之重要者，分述于此。雨水、地面水、地底水等的成分，对人身体健康的影响及如何处理才能达标；粪便处理、垃圾处理、居住、传染病媒介物之溰灭，如家蝇、蛆的溰灭方法、防鼠法、灭鼠法等。

（2）学校环境卫生。例如1936年，刘文彬发表在《国立中央大学日刊》的《学校环境卫生：附表》[①] 指出学校环境卫生的重要性：可以减少学生疾病及传染病致病机会；可以增进个人之健康，良好的学校环境卫生可以促进学生健康观念及卫生习惯，可以推行于家庭及社会；可以影响整个学校的精神。办理学校环境卫生之工具：学校卫生室、学校事务组、在校工友。学校环境卫生工作范围：教室、宿舍、厕所、厨房、饮水、垃圾、下水道、工友之卫生训练、学校附近饮食店之管理、环境卫生之视察。

（3）地方的环境卫生。例如1949年，齐树功发表在《市政评论》的《上海市的环境卫生》[②] 论述了五个问题：什么叫环境卫生？上海环境卫生与市民有什么关系？上海市的环境卫生应当怎样？上海市的环境卫生与全国有什么关系？谁担负改善环境卫生

---

① 刘文彬：《学校环境卫生：附表》，载于《国立中央大学日刊》，1936年，夏季卫生运动特刊3，第21～24页。

② 齐树功：《上海市的环境卫生》，载于《市政评论》，1949年，第11卷第3/4期，第9页。

的责任？就给水来说，上海市六百万市民都应得到完全给水，都应有自来水喝，现在自来水不够用，应当增设自来水厂；就下水道来说，应当完成整个下水道系统的建设，增设污水处理厂，使全市的粪便都得到合理的处理，就是家家都用抽水马桶；就住屋来说，应当有计划地增建住宅区，仅有的住宅，分期重建，至于建筑的标准，至少希望在五十年后不致落伍。就上海市的环境卫生与全国的关系而言，上海是全国的经济中枢，处处都居于领导地位，内地各城市都向上海看齐，上海市的环境卫生可以影响全国。

（4）工厂的环境卫生。例如1936年，游连福发表在《海王》的《工厂环境卫生》《工厂环境卫生（续）》①中指出：工业与卫生的关系，可以说十二分地密切。讲求工厂环境卫生的结果，可使厂内工人的工作效率在无形中增加，因而在质量上，出品都可得到充分的进展。简单地说，就是防止工人因工作场所或衣食住行的种种环境的不善和疾病导致的缺席工作和工作迟缓，间接地免除影响工作效率及妨碍工业的发展。工厂环境卫生包括房屋、宿舍、厨房、厕所、浴堂、食堂、理发室、洗衣室、行路、饮水、害虫、污染物及污水处理，消毒，灌输个人健康知识，公共卫生预防传染病方法，急救的训练，厨师的训练等。

---

① 游连福：《工厂环境卫生》《工厂环境卫生（续）》，载于《海王》，1936年，第9卷第7期，第107～109页和第9卷第16期，第270页。

四、工业"三废"

近代中国，工业技术极度落后，资源利用率很低，致使工业生产中产生大量的废水、废渣、废气，即"三废"；人们的环境保护意识薄弱，没有采取有效的措施，未经处理的"三废"直接排入大自然。

在《民国时期期刊全文数据库（1911～1949）》输入"废水""废气""废渣"等关键字，会出现以下相关的文献：《论着：工场废水问题》（李树德，1933）、《从公共卫生与污水处理谈到：工业废水问题》（赵福基，1949）、《化学工业用水及其废水处理法》（匿名，1933）、《家庭常识汇编（第八集）：第一部：服用，第五类：洗染：洗银废水之利用》[天虚我生（编）、张甡朴，1919]、《废物利用（十）：（九）工厂废水的利用（中）》（匿名，1936）、《废物利用（十一）：（九）工厂废水的利用（下）》（匿名，1936）、《废物利用（五）：五、草木灰和废水的利用》（匿名，1936）、《汽车废气与健康》（牟鸿彝，1946）等。

民国时期，普通大众对废水的关注，主要集中在工业废水的标准、种类、危害及处理等。例如1933年，李树德发表在《工业安全》上的《论着：工场废水问题》[1] 中论述了工场废水的种类，将工场废水处理方法分为物理法、化学法、生物法等。1933年，

---

① 李树德：《论着：工场废水问题》，载于《工业安全》，1933年，第1卷第2期，第139～142页。

发表在《牛顿》上的《化学工业用水及其废水处理法》认为，水之于化学工业，除直接作为原料外，多用之溶媒，或冷却用，或蒸汽发生用。因制品不同，故用水之性质亦各类，同时所生之多量废水之处理，亦为化学工业上一大要项，因其与卫生关系甚重。将工业用水分为汽罐用水、酿造用水、制纸用水、制糖用水、染色用水、制革用水；同时指出废水处理有物理、化学、生物处理法。1949 年，赵福基发表在《工程界》上的《从公共卫生与污水处理谈到：工业废水问题》① 具体论述了以下问题：

一是污水适合于细菌的繁殖与传播。某种细菌所分布的地方，必须具有适合这种细菌的生活环境，例如霍乱菌常分布在污水、积水中，嗜冷性细菌多分布于普通的水中。细菌有病原性与非病原性的区别。病原性细菌能使人患病，甚至死亡，水中微生物也有病原性的，能使人生急性或慢性疾患。病害的传播，有因身体接触的；有因病人排泄物沾入水中，不知不觉中饮用而传染的；有因借媒介物，如空气、水流传播于较远区域的。倘若被病毒污染的水由地面混入河水及不完善的上水道或下水道时，那就容易繁殖，发生传染。因为水中缺乏其他杂菌，病原菌比较容易生存，加上细菌的运动及水的流动，在水中的传播比在土地中快。所以不守公共卫生，任意将被病毒污染的水倾倒于地面或沟渠，是非常危险的。

---

① 赵福基：《从公共卫生与污水处理谈到：工业废水问题》，载于《工程界》，1949 年，第 4 卷第（11/12）期，第 45～48 页。

二是污水的标准和下水道的制度。所谓污水，系指厕所污水、浴室污水、厨房污水及洗涤污水，均为液体废弃物。正常的污水，略带碱性，污物含量约为 250ppm。污水中含有机物质，如不妥善处理，不但狼藉地面，有碍观瞻，并且发生臭气、招致蝇蛆，尤以粪便污水及洗涤污水最容易含病原菌，如不经过处理，更属危险。下水道的设计有合流制、分流制及混合制的区别。合流制系雨水与污水在同一系统的沟管内流泻；分流制系雨水与污水在不同的管道系统内流泻；混合制则是在同一市内不同地区采用合流制与分流制。所以上海市以全部下水道来讲，是混合制，这种计划是必须调查当地环境与未来发展的需要所具有的客观条件而研究决定的。

三是都市中的工业废水。在大城市内，尤其是工业发达的城市，除上述污水外，还有工业制造所产生的大量工业废水，工业废水会形成一个更严重的问题。我国各大城市在以往对于这一问题，似乎没有深切地注意到，更不易找到具体的办法或记载。目前我国正在推行从农业国向工业国发展的政策，正在积极发展生产、繁荣经济的时候，对于都市中的公共卫生、劳动者的保健和工业的发展，应统筹兼顾，以期在发展过程中消除相互的矛盾。在我国工业建设不发达的时期，工厂或工场，尤其是规模小的工场，以往因建筑的简陋及对消防安全与公共安全的不重视，导致不按建筑规则与违章建筑的状况，迄今难免发生。这时虽有明确公布的推行已久的法规章则，但如民众不能普遍了解，自觉地积极合作，则河流及下水道日趋污泥淤塞，妨碍水上交通及公共卫生。一遇大雨平地泛滥，则造成传染病的流行，实为危险。就上海市来讲，每个月处理污水所需的动力包括三个清炼厂，约在三十万瓦时；各清炼厂在清炼过程中，有的阶段如压气机等，为节省电力，久已停用，已经没有再可节减的地方了；再加之人员的薪给、机械的修配、通用工具的补充以及河浜的疏浚与沟渠的养护改善，这几项的支出负担在市政府方面已觉得很为重大，但一遇大雨，低洼区域积水没胫，经日不退，原因所在固不简单，其中以未能得到市民的普遍爱护与合作为最大因素。例如，民众因不了解沟渠的功能是有限度的，而任意将日常污水不论其含杂质的性质与程度如何，甚至破布、棉花、树皮、菜根及小动物尸体等一概倒入沟渠，以及贪图近便，私开窨井，倾倒大量粪便，把沟渠淤塞。在抗战沦陷时期，也发生了许多私自将雨水管接入污水沟管系统，阻碍污水的流通而泛溢路面的情形。苏州河因直接或间接排入的污水及工业废水的漫无标准与限制，以致水质日趋恶劣。其他市内中小河浜，因上述原因，情形更加恶劣。所以都市内所有污水及工业废水必须经下水道或河流而排泄，但是不能超越下水道与清炼厂的负荷及河流所能容纳的限度，以河流所能吸纳不致发生恶劣的结果为标准。河流的污染如不太严重，或时间不太长，则河流自身可以消灭病菌及防止腐化。如污染程度超过限度，则河水污浊不堪，失去正常用途而影响两岸居民的卫生及其他权利。

四是各种工业废水。工业废水一般可用"人口当量"来估计。假使工业废水与家庭污水做相同的处理,其悬挂固体的强度,及生化的需氧量均相等;又假如家庭污水的平均流量为每日每人100加仑,则每日平均流量100加仑的工业废水,其人口当量为1,其流量大2倍,或流量虽同,而强度大2倍,则人口当量为2,以此类推。"人口当量"一词,应用甚广,但亦不能包括一切。如废水含酸、毒性等甚大,不能以人口当量比较之,因为此种废水妨碍生物化学处理法的进行。工业废水的性质变化甚大,且不易分解成简单的成分。废水含高度BOD或高度悬挂固体的,用人口当量来计算甚方便,但尚有许多废水不能以此计算。今将几种特殊的工业废水说明如下:酸、油脂、酚、苯乙烯、金属、氰化物等。

五是工业废水处理办法。研究工业废水的处理,重在调查分析当地的客观具体条件,例如当地污水的稀释程度、现存沟渠系统及处理厂的情形及其他因素,故即使为同类的工业,亦不能完全以此例,且废水的容量及含量变化不同,工业制造的方法亦有互异,所以不能完全模仿别地的方法。例如,油的精炼法、去酸法、去氰化物法、去金属法。

最后作者认为:政府为保障人民健康,对于都市中有关卫生的工程设施,如下水道污水处理站等有通盘计划与普遍建立的职责。一面需教育人民,使人民明白下水道的重要性及其性能限度。一面对各种工厂的工业废水须做调查统计,依照性质制定初步处理标准及取缔规则。为合理分担废水处理的巨额费用，对特种工业废水制定有初步处理办法，并限制每日平均的流量，订立废水处理的费用法规。更愿新中国的人民，应以爱护公共财物的崇高精神，善为利用下水道等保障人民健康的市政设施。

关于废气的研究，主要集中在废气对民众身体健康的影响。例如1932年，徐震池发表在《国立浙江大学校刊》的《烟囱废气之利用（附图）》中就指出，自从胜利以来，因为汽油的输入增加，汽车日渐增多。据报道：本市人力车逐渐减少，限三年内全部废除。这种计划，就是本省人力减少移作建设与复兴新中国之用，将来汽车数量当然更要增加。它的毒气伤人，世人多半不知道了。原来汽油燃烧的时候常产生一氧化碳，汽车废气中，有百分之七是一氧化碳，一氧化碳的毒，对于司机人、乘客和路人都不利，最易受毒的为司机人。汽车出气孔，虽大半都在后方，也有某种汽车，当由前方下部漏泄气体，司机人每天虽呼吸少量，日久就要成为慢性中毒，而现头脑不清，因此驾驶时肇祸的，常有所闻。当汽车肇祸时，检查司机人的身体，常发现其左右瞳孔大小不同，这就是一氧化碳中毒的征象。不过优良汽油容易燃烧，产生的一氧化碳较少；不良汽油不易燃烧，产生的一氧化碳较多。所以不良汽油，更为危险。汽油有减弱性欲的害处、导致肺癌的可能性。

此外，1936年，镜江发表在《中华药学杂志（上海）》的

《文献摘要：列车中空气污染度之测定法》[①] 还谈及列车排出的尾气的测量：本文略谓吾人常长途旅行，在火车中常觉一种臭气，即谓空气污染所致，此尽人皆知。此等臭气之增加，与空气之污浊，成正比例而加增，此又为人所共知。唯此等之不快臭气之测定，从无可供参考之文献，卫生学者以为碳酸气之增加，即污染度之升高，然碳酸气无色无臭之气体，与不快之臭气自有不同。据著者之试验，谓此等臭气，能被锰酸钾吸收，由过锰酸钾之消费量而能测定之。

第二节　对森林问题的思考

森林在保持生态方面作用非同一般。本节首先着重分析了森林在生态保持中的重要作用，接着分析了森林法的重要作用及当时实施的森林法中所存在的一些不足，最后对森林与旱灾、森林与水灾及作为灾害的防治措施的森林与水利的关系进行了阐述。

一、森林的重要性

1929 年，贾瑞生在《河南中山大学农科季刊》发表《森林救国》[②]。文章首先从四个方面论述了我国前途之所堪忧，一是林产

---

① 镜江：《文献摘要：列车中空气污染度之测定法》，载于《中华药学杂志（上海）》，1936 年，第 1 卷第 4 期，第 388 页。

② 贾瑞生：《森林救国》，载于《河南中山大学农科季刊》，1929 年，第 1 卷第 1 期，第 68~70 页。

物之缺乏，二是洪水旱灾频至，三是气候之恶化，四是地力之减耗。这四个方面关系到国家命脉，而此中最大之厄难为"山林自招之祸害，欲救济治疗之法，唯有治山之一途而已"，即一方面防止所有未伐之天然林陷于荒废，另一方面积极植树治山。欲救国，必先治山，脱山林不修，万事衰退，国将不国。

1914年，金邦正在《留美学生年报》发表《森林三利说》[①]，认为森林为用之大者，则尽地利是也，其在平原，土壤肥沃，而森林不与五谷争席，其取于地也甚微，所需矿质肥料，不如谷类所需之多，植树造林是利国福民之道；防水患，讲求保护森林于深山水源是已，森林除防水患之效，林成以时而入，则有材木不可胜用之效，一举两得；资器用，材木之用广矣，大而舟车宫室，细而一琴一几，无不仰木以成器致用。

1918年，张祖荫在《教育周报（杭州）》发表《森林之利益》[②]，将森林之利益分为直接利益和间接利益。直接利益：木材之用途甚广，需要额亦甚多，吾人之生活上无日可少木材也，以上仅就森林之生产物而述其重大之利益，其副产之利益极广大。间接利益：林木未经采伐前有种种利益，如气候之调和、水源之涵养、土砂之捍止、洪水之防备、雪颓之防止、飞沙之暴风之防备、人类卫生之裨益、人类精神之感化等。林次棠发表在《四川

---

① 金邦正：《森林三利说》，载于《留美学生年报》，1914年，第3期，第43～48页。
② 张祖荫：《森林之利益》，载于《教育周报（杭州）》，1918年，第199期，第3～9页。

农业》上的《森林之利益》① 也将森林之利益分为直接利益和间接利益。直接利益有生产木材、供给副产、森林与实业、森林与农业、便利畜牧、森林与资本、森林与劳工、利用荒地、森林与裁兵、森林与战争、森林与国库。间接利益包括气候之调和、水源之涵养、永固泥土流沙、防备洪水、防止颓雪、防备飞沙及暴雪、改良土地、防备海啸、保护渔业、有益社会卫生、净化人类精神等。

　　1914 年，汉声在《协和报》发表《栽培森林之利益》②，指出中国所以宜办森林者以地大物博恒苦有旱涝不均之患也，而今中国苟种植森林布置得当，则气候即可改良，焉缘雨水有恒江河虽满而不至于泛滥，天气虽干燥而不至于亢旱也。若是，则国计民生所受益者尚可，而中国植树造林既受益匪浅者，盖以中国各省山脉之绵恒面积颇广，地皆林雨水即可调和也。雨水一有节制即可常保江河之水势，即可常保无大增，此可谓直接之利益也。至于间接利益则更不胜枚举，盖农林相辅而行，互有关系，也至于森林如何能保障飞沙不使农田破坏，河道既通则商务如何与盛以及货物如何周流此等间接利益。

---

　　① 林次棠：《森林之利益》，载于《四川农业》，1934 年，第 1 卷第 4 期，第 32～42 页。
　　② 汉声：《栽培森林之利益》，载于《协和报》，1914 年，第 4 卷第 34 期，第 3～6 页。

此外，1915 年吴景星发表在《金陵光》的《说森林之利益》①，惺庵发表在《中华实业界》的《森林之效用》②，1925 年团体作者云南实业公报发表在《河南林务公报》的《森林救国谈（附表）》③ 也从森林利益或效用的角度阐述了森林的重要性。

二、森林保护和森林法

1936 年，李寅恭发表在《林学》上的《森林保护问题》④ 中指出，"森林保护的重要性包括事项至多，大者如火灾、风害、盗伐、虫病害等，各视其本地情形而有所侧重，例如美国谨慎防林火，德国注意虫害，日本致力于水灾与风害之类，今仅知广东时发林火，广西风害过于火灾，除四川盗伐特甚外，宁夏雪害居首，河北风害居首，安徽旱灾居首，而盗伐多居于大多数省份之次位，故吾国森林人为之害，在全世界中罕与比伦，而评议者辄归咎于法律制度不完备、国民文化程度之较不及，无法以辩护之。"作者主张森林保护以下面三种方式办理：一是严格取缔盗伐，以至禁人拾取落叶下草等；二是遍组林业公会，由公家扶助之，使乡曲贫民一概加入为会员，而以贤者被推举为其领袖，于是激励地方

---

① 吴景星：《说森林之利益》，载于《金陵光》，1915 年，第 7 卷第 1 期，第 15～16 页。

② 惺庵：《森林之效用》，载于《中华实业界》，1915 年，第 2 卷第 5 期，第 1～6 页。

③ 云南实业公报：《森林救国谈（附表）》，载于《河南林务公报》，1925 年，第 1 卷第 11 期，第 197～210 页。

④ 李寅恭：《森林保护问题》，载于《林学》，1936 年，第 5 期，第 65～67 页。

公有林乡村有林等纷纷与办，人人了然于事关公益；三是林业尽责成地方人民自营，还认为不设法抑制，造林无有成功之望，又天然稚树保育，为林政上至重要之问题，犹及奖励条例及之，林政之失职是可胜言。1936年，吕醒农在《新农村》发表《森林的保护问题》[1]，他首先指出森林保护的重要性，认为森林的保护问题在林业上是很重要的，若保护力法不好，"非特初造之林，无法繁茂，既已长成者，亦不能充分发育。保护森林之目的，是在免除森林之危害。"通常把森林危害分为两大类：一是生物及气象的危害；二是人的危害。此两种危害，大则摧毁树木，小则损害枝叶干，阻碍树木的发育。在阐述了怎样预防及治疗生物及气象的危害时，注意患部的甄别、治疗时不可缺少的器具与药物、治疗的原理、预防方法、病虫害的寄生方法与难易、树木伤害的预防方法、患病后的消除方法、消毒的方法。在怎样防止人的危害时指出，防止火灾，火灾为森林之最大仇敌。其防治方法是：设立森林警察、切实巡查，颁布森林法规，宣传讲解森林的利益及与吾人的关系，划林区为小区并设防火线。此外，1938年，李修在《浙江农业》发表的《战时森林保护问题》[2] 探讨了战争时期有关森林的保护。1946年，署名志的作者在《海潮》发表社评《保护森

---

① 吕醒农：《森林的保护问题》，载于《新农村》，1936年，第27~28卷，第292~305页。

② 李修：《战时森林保护问题》，载于《浙江农业》，1938年，第2期，第5~6页。

林》①。1931 年，团体作者在《新苗汇刊》呼吁《请严禁焚烧森林》②。

关于《森林法》的文献，主要集中在两个方面：一是保护森林的措施，二是相关的法律内容。前者典型的文献是，1939 年成文美发表在《青年月刊：边疆问题》的《森林保护与森林法规》③，文章指出"从前北京为政时，虽会制定森林法，迄今仍为政府暂令援用，然其规定缺点甚多，保护不力。首先，如伐木一项，是森林法中最重要的一部分，各国森林法都有周详的条文，如伐木法、伐木期、伐木票据等，无不予以限制，我国则于此诸点，皆付之缺如；其次，防止火灾，也是森林保护法中最初需的一项，各国森林法，亦都列有专章，而我国森林法，对于森林保护法规太不周到；最后，滥伐一项，为人力摧残最厉害不过的，我国《森林法》除于第十九条规定得由官署限制或警戒之外，则无有力的具体的策略及制裁。森林保育法规庶可使萌芽中的中国林业，能够发荣滋长，而不致夭折。"刊登相关法律内容的刊物有：《河北民政刊要》④《云南实业公报》⑤⑥《交通公报》⑦《教育

---

① 志：《保护森林》，载于《海潮》，1946 年，第 4 期，第 2 页。
② 团体作者：《请严禁焚毁森林》，载于《新苗汇刊》，1931 年，第 2 集，第 13 页。
③ 成文美：《森林保护与森林法规》，载于《青年月刊：边疆问题》，1939 年，第 2 期，第 1～2 页。
④ 《森林法》，载于《河北民政刊要》，1932 年，第 12 期，第 76～90 页。
⑤ 法规：《森林法》，载于《云南实业公报》，1926 年，第 43 期，第 68～72 页。
⑥ 法规：《森林法》，载于《云南实业公报》，1932 年，第 19 期，第 77～91 页。
⑦ 《森林法》，载于《交通公报》，1932 年，第 395 期，第 16～33 页。

实业合刊》[1] 《河南民政周刊》[2] 《直隶实业杂志》[3] 《军政公报》[4] 等。

三、森林与灾害

有关森林与灾害的文献主要集中在三个方面：森林与旱灾、森林与水灾及作为灾害防治措施的森林与水利。

1924 年，杨勋民在《新农业季刊》发表的《森林与旱灾》[5]，指出中国近年来水旱频仍，几于无年无之，此中损失，当然动辄匪细。今单就旱灾一项而言：民国九年之北五省大旱，禾苗遍枯，树皮充饥，饿殍载道。而森林之足以预防旱灾及辅救旱灾，并以美国为例说明了别国政府对植安保林在预防旱灾方面的重视。最后，从学理上分析了植树造林对旱灾的预防作用：一是关于气象学者，当阳光越太空而直射地面时，森林地面被枝叶遮蔽，其受温度与反射时，均量少而缓，且当阳光来射时，同时枝叶必行蒸发，此种蒸发亦能减少若干温度，因此在森林地及附近比其他地段温度低，湿度量较多；二是关于器械作用者，森林有树干、枝叶、蟠根、地被等，在有雨之际，不致使雨水一时发泄殆尽，在亢旱之时，能将其渐渐流出，供庄稼之灌溉。

---

① 法规：《森林法》，载于《教育实业合刊》，1919 年，第 1 卷第 3 期，第 1~4 页。
② 中央法规：《森林法》，载于《河南民政周刊》，1932 年，第 9 期，第 8~18 页。
③ 专件：《森林法》，载于《直隶实业杂志》，1914 年。
④ 法规：《森林法》，载于《军政公报》，1932 年，第 142 期，第 4~18 页。
⑤ 杨勋民：《森林与旱灾》，载于《新农业季刊》，1924 年，第 3 卷第 4 期，第 35~39 页。

1934年，张明发表在《农林杂志》的《水旱与森林》①，从水旱灾害的一般原因及应注意的方面、森林其所以关系于水旱的原因两方面论述了森林于水旱灾害的意义。就水旱灾害的原因而言，他指出内陆之所以沦为灾害，有如下原因：林政失修缺乏大规模的森林地带、河湖淤塞、水道迂回、水流浚急等，而河湖的淤塞与森林的建造有相互的关系，也就是说河湖的淤塞，是基于森林的建造与否；就森林其所以关系于水旱的原因而言，作者认为森林有涵养水源的效能，能供给水源使作物不致过度受灾、能增加水量减少干旱、能减少流水量、能调节水量。基于这些原因，应在河流下游栽植"水患防林"，以防止河水的泛滥，同时森林可供给木材，为工业、建筑提供所必需的原料。

此外，就森林于灾害发表观点的还有以下作者：江浚（译）②、关衡青③、本局营林组④、皮作琼⑤、徐善根⑥、末半⑦、

———————

① 张明：《水旱与森林》，载于《农林杂志》，1934年，第1卷第2期，第14～23页。

② 江浚（译）：《森林与水利》，载于《河海季刊》，1923年，第1卷第2期，第181～184页。

③ 关衡青：《森林与水利（附表）》，载于《知识与趣味》，1940年，第2卷第8期，第379～382页。

④ 本局营林组：《本省森林治水事业》，载于《林产通讯》，1948年，第2卷第1期，第23～24页。

⑤ 皮作琼：《森林与水灾》，载于《东方杂志》，1923年，第20卷第18期，第66～77页。

⑥ 徐善根：《森林与水灾》，载于《农林新报》，1939年，第16卷第9～11期。

⑦ 末半：《森林与水灾》，载于《四川省立农学院院刊》，1934年，第4期，第5～7页。

李寅恭[①]、徐善根[②]、英以权（译）[③]、朱咸[④]、许葆珩[⑤]、马寿征[⑥]。

第三节　对自然灾害问题的思考

不同形式的自然灾害对于生态环境的影响都是巨大的。本节分析了民国时期的主要自然灾害类型：农业灾害和工业灾害，对民国时期的研究者对于各种形式的灾害进行了统计研究，以及对民国政府的灾害救济情况进行了描述和统计研究。

一、灾害类型：农业灾害、工业灾害

1943 年，韩德章在《当代评论》发表的《论农业灾》[⑦] 中，从五个方面论述了农业灾害。一是灾害之国，相比于其他行业，农业是最容易受自然环境支配者。农业上主要危险有三：一为气

---

① 李寅恭：《森林与水利》，载于《农业周报》，1931 年，第 1 卷第 19 期，第 12～15 页。

② 徐善根：《森林与土壤冲刷》，载于《四川林学会会刊》，1938 年（抗战建国周年纪念刊），第 38～41 页。

③ 英以权（译）：《森林与水量保存》，载于《农事月刊》，1925 年，第 3 卷第 10 期，第 34～37 页。

④ 朱咸：《论著：森林与水利》，载于《国立中央大学日刊》，1936 年，第 1788 期，第 39～52 页。

⑤ 许葆珩：《森林与水利》，载于《浙江农业》，1941 年，第 40 卷第 40 期，第 9～10 页。

⑥ 马寿征：《森林与土壤（附表）》，载于《浙江省建设月刊》，1936 年，第 9 卷第 10 期，第 81～91 页。

⑦ 韩德章：《论农业灾》，载于《当代评论》，1943 年，第 3 卷第 13 期，第 5～7 页。

候，如气温雨量之激变、暴风积雪都能影响作物之品质与产量；二为动植物之病虫害，其甚者能颗粒无收，酿成巨灾；三为价格之变动，丰年价格低贱，不足以偿生产成本，对农家经济而言，亦成为一种灾害。中国历史上的农业灾害，多不胜数。二是防灾重于救灾，农业灾害之发生，往往自然条件并不足以招致灾害，但因人为条件不具备，亦能酿成巨灾。农业灾害的预防，一为经常的设施，一为临时的措施。三是救灾要从根本做起，放赈只是治标，而不是治本的办法。个人接受外界的赈济，多半用于消费性质，而正常的农业生产贷款及耕牛贷款、工地改良贷款等则为有建设性之生产信用。政府负责调整农业生产的机构，得通过农业合作的组织，利用农业金融力量，在灾区作农业改进与农业推广工作亦望藉以减轻。四是要减轻受灾的程度，农民的抗灾性同作物之抗病性颇为相似，其经济生活稍为安定或家有积蓄者，在荒年被灾之程度亦轻，农业资金较为充实能办工地改良与灌溉排水等工事者，其被灾程度更可减低。五是减少被灾的机遇，中国农业之不能逃避灾害者，有不少自投罗网的事实。美国农部前驻华专员说：中国之农作制度决定于气候、土壤等自然条件者少，选就传统的农作习惯者多。为减少被灾的机遇，可以利用改换新作物与提倡复杂经营的方式，使农村所有生产不致为某一种某一时的灾害，一网打尽，同时应尽量将经常被灾的人口移往安全地带，亦可减少被灾的机遇。

顾复①将稻作灾害分为旱害、水害、风害、病害、虫害五种，并提出预防各种灾害的方法。预防旱害的方法有：选择抵抗力强的品种、栽培早稻、节省灌溉水、应用假植法、采用旱秧田制、施行耐旱栽培法、凿井、机械抽水、施肥。预防水害的方法有：秧田之追播、水退后施行直播、另设预备秧田、分株、改种其他作物。风害的预防方法有：在抽期之风害、在栽填早中晚之品种，则抽穗不在同时，可以减轻病害程度。预防病害的方法有：不宜多施氮肥，肥效不可太迟，播种宜较稀，插秧宜较早，整地除草宜加注意，灌溉忌用冷水，注意山间地方之温度，选择抵抗力强之品种等。

1942 年，春岸在《华北合作》上发表《农业灾害及其对策问题（附表）》② 一文。文章第一部分分析了以下农业特点：（1）农业具有独存性，其产品有粮食、衣服原料、家居的用品；（2）农业具有全体性，农业是全世界各种族之依以生存者；（3）农业是其他行业稳定发展的前提。第二部分，作者分析了农业的危害，包括农作物的摧毁、牲畜的危险，并认为这种自然界的危害，都不是农民所能左右的，而天灾过后农民通常一文莫名。而这类灾害，如西北的旱灾、中部的水灾在全国范围内又是经常发生的，竺可桢先生以通鉴和正史为依据，统计了中国十八省（冀鲁豫晋

---

① 顾复：《稻作之灾害》，载于《中国新农业》，1942 年，第 2 卷第 3 期，第 1～8 页。

② 春岸：《农业灾害及其对策问题（附表）》，载于《华北合作》，1942 年，第 8 卷第 7 期，第 4～11 页。

陕甘，苏浙皖赣鄂湘蜀，闽粤桂滇黔）在 617 年到 1900 年的 1283 年的时间内发生的灾荒，达 1633 次之多。第三部分，春岸总结了前人关于灾害成因的研究，分析了我国农村的现状，如农田分配不均、农民生活不安定、生产率太低、金融疲窘、副业不发达，提出了农村破产的原因，有生产技术不良、教育不发达、全国的交通不便、官吏的压榨等。第四部分，春岸对提高劳动生产率、提高农业生产技术、改善金融疲窘等提出了建议。

（一）虫害

克士[①]指出中国近年常受蝗虫的灾害，虽然已引起不少人的注意，但尚不能用极有效的方法阻止它。英文杂志《中国科学杂志社》上刊出梭委比氏的《中国蝗虫的威胁》一文，概述了其中有参考之处，大致如下：分布极广的飞蝗，成群的移徙状态称为 locusta migration。中国科学美术杂志第二卷，1924 年，64～70 页上，登有张先生的中国飞蝗的试编目录，把这种蝗虫的迁徙状态称为 migratorioides；飞蝗的分布区域遍于全非洲，包括临近各岛，欧洲大部分，亚洲西伯利亚南部，马来岛，澳大利亚的极北部；迁徙状态的生殖中心地，散布于极广大的面积中，migratoria 分明见于较北的部分，而 migratorioides 见于近热带的较南部分。而单独式和迁徙式的蝗虫，构造上，前背片是有区别的，此种发

---

① 克士：《蝗虫灾害谈》，载于《自然界》，1931 年，第 6 卷第 6 期，第 512～514 页。

现的重大意义是治蝗须注意其产地，如见其地的蚱蜢有拥挤的现
象，应立即使其减少。中国产蝗的大片地是很多的，主要有长江、
黄河、河北的白河、满洲的辽河及鸭绿江的三角洲及江口，经过
陕西中部的渭河，这是黄河的大支流。文章下半部分，梭委比讲
到治蝗问题，他说中国人好食单独的蝗虫，这是一种无意中的防
治法，每年秋间，许多地方的人皆捕获此虫。

（二）水旱灾害

1927 年，罗振基①发表在《农趣》上的《水旱灾害与农业》，
首先讲到农业的重要性，认为吾人之所以能生长于世，经营事业，
谋社会之光明灿烂，个人之快乐幸福者，农业产生之也，是则农
业与人生之关系，重而且大。当考我国农业衰落不振之原因，因
为政治不良，受万恶军阀之摧残；劣绅之剥削；富家业主之强收；
以及农民自身之耕种要素，土地肥料之成分，以至地方衰弱，作
物失收；然而频遭水旱灾害，亦为其衰落不振之一重要原因。随
后，作者针对水旱灾害的影响区域及水旱灾害提出应对之策：吾
思为今之计，欲求根本之解决，免除水旱，则造林。水旱之由来，
虽然缺乏森林，山岭童秃亦为一主要原因。此森林能免除水旱之
理由及功效如下：森林树木之枝叶、根干及败叶残枝能汲取多量
之水分，况且林内已饱蓄多量之水分，即使数月不雨，诚足以供

---

① 罗振基：《水旱灾害与农业（上）／（下）》，载于《农趣》，1927 年，第 4 期，
第 4～6/6～7 页。

灌溉农田而有余，且林木之根，吸取地中之水分，输送于叶面，受太阳之热力，化气而蒸发，而升入空中，再遇冷而凝结为雨滴而下降，因此循环不已。

1935 年，发表于《华北合作》的特载文章《造林防止水旱灾害：植树可免除水旱灾害》[①] 谈到，近几年来各省地总是闹水灾或旱灾，主要原因不只一端，惟因为缺少森林，致水旱等灾害连年的侵袭，亦是穷的主要原因之一，要想避免将来的水旱的灾害，最好提倡造林。因为森林可以：（1）涵养水源，树木之皮干枝叶能吸收水分，所以在下雨的时候，就能将雨水吸去一部分。林树下面常是残枝落叶，在那里堆积经腐化之后，就变成了类似海绵的松软东西，富有吸水能力，当雨水落到地下，可以有百分之二十五的雨水被收藏起来；（2）树木的根须，在地下盘踞着，把土之内层造成许多空隙，好像蜂窝的样子，当雨水渗入地下，经以上部分吸收，可以留起百分之七十六；（3）增加雨量，树木因生长关系，由根部吸收多量水分，输送到叶面上来，被日光蒸发到空气里去，遇冷可凝结成雨，若有广大森林，雨量必能因之增多，此外森林尚可调和气候，因叶面水分蒸发，所以森林里面及周围温度较低；（4）巩固泥土，树木的根须盘绕在土内，泥土得以巩固结合，又森林之残枝败叶遍布地面，植树可以防止河身淤积，又河堤上亦最宜植树，使其根须盘结土内，以御河水冲刷，河堤

---

① 《造林防止水旱灾害：植树可免除水旱灾害》，载于《华北合作》，1935 年，第 16 期，第 6~7 页。

巩固，河水则不致泛滥成灾了。

二、灾害统计

　　1933 年的《申报年鉴》[①] 总结了 1927～1933 年间，我国各地所遭遇的天灾。言其种类则有水旱、兵匪、螟蝗、猛兽、野鼠、风霜、冰雹、地震、山崩、疫疾、大火。言其范围，则遍及于二十五省。言其程度，最甚者如十七至二十年之西北旱灾，赤地逾于千里，死亡辄以万计。二十年之十六省大水灾，江淮流域，人畜田舍淹减，土地冲没，使地方元气非历久长不易恢复。而汉口一市因而衰落，尤其显而易见之事实；兵匪之灾，因无确实调查，无从统计。然连年战乱，损失之重，盖可知也。据振务委员会民国十七年至二十年之灾况调查而综核之：计民国十七年全国被灾之县二百有三，与全国之一千九百三十六县较，则居百分之十又四，是年全国灾民四千零四十六万六千五百九十八人，与全国人口之四万七千万较，则居百分之八以上。民国十八年，全国被灾之县骤增至八百四十一县，实占全国县数百分之四十三强。是年灾民反减为三千八百七十余万，则或因有数省未报人数，或因灾区虽广而灾况较轻，未可确断也。民国十九年，全国被灾之县为八百三十县，灾民四千六百五十余万人，较前两年又过之。民国二十年，被灾之县五百十九，灾民无统计大多数，未足据以比较，

---

　　① 社会：《灾害：近年各地灾患之概况》，载于《申报年鉴》，1933 年刊，第936 页。

然是年大水年被，全国精华之区，计受灾耕地占全国耕地面积百分之二十六，又据金陵大学调查，江淮流域五省一百三十一县之损失已达十九亿三千二百万余元，余剩尚未统计。民国二十一年，报灾之省份有江西、河北、吉林、黑龙江、陕西等，而广州遍有水患，惟调查不详，所可知者，仅吉林、黑龙江农产之损害与山西被灾之概况而已。

1933 年发表在《安徽民政公报》上的《安徽省本年各县灾害实况统计表》[①] 列出全省灾害，共计四十六县，灾民户口总数六十万零九千七百余户，二百一十万零九百余口，内分极贫者，二十六万五千四百余户，九十六万五千余口，次贫者，三十四万四千三百余户，一百一十三万五千九百余口。并指出当年已振匪灾县份，实放九万一千四百九十四元九角五分三厘，内有香槟券款，系上海筹募豫皖鄂灾区临时义振会，拨助散放，霍邱善后一千元，係皖西善后专员领拨，并入振散放，合并登明。

1935 年，王瑞符、杨一明在《农报》[②] 发布了中央农业实验研究所对广东潮梅 1934 年的病虫灾害统计：1934 年，潮梅十五县所受畜类、果树、作物，遭受病虫侵害，损失达数百万元，并分类统计了各种虫害的名称、发病期、发病率、死亡率、损失及救济的方法。

---

① 《安徽省本年各县灾害实况统计表》，载于《安徽民政公报》，1933 年，第 32 期，第 319～324 页。

② 王瑞符，杨一明：《广东潮梅去年病虫灾害损失统计》，载于《农报》，1935 年，第 2 卷第 11 期，第 8 页。

1936 年，发表在《浙江民众教育》上的《各省主要农作物今年灾害损失估计》① 中列出了中央农业实验所发表的各省主要冬季作物灾害损失估计：小麦约 436936000 元，大麦约 97495000 元，蚕豆约 29033000 元，豌豆约 48998000 元，燕麦约 2644000 元。以上五项作物受灾害损失之总值合计 615106000 元。

三、救济

1935 年，薰南发表在《行素》上的《灾害与赈济（附表）》② 一文，描述了当时的灾害状况，"灾害种类繁多，在我国又以水旱风雹虫匪等为最重，特别是近几年来，各种灾害交相紧迫，人遭受此类灾害而失其生计者，比比皆是。因而社会经济、治安受到重大影响，人心也随之恶劣，尤其以农村为甚。据民国十九年振务委员会统计，全国被灾之县约有八百三十一，占全国县份总额五分之一强，其中尚有湖北、宁夏、青海等省未列入，灾民总数约四千七百八十四万六千七百人，占全国人口总数十分之一强，其中尚有一百三十七县灾民未列入，综合推算，全国灾民总数应在六千万左右。"

《灾害与赈济》也统计了民国二十一年六月报告的救济工作情况。

---

① 《各省主要农作物今年灾害损失估计》，载于《浙江民众教育》，1936 年，第 4 卷第 9 期，第 17 页。

② 薰南：《灾害与赈济（附表）》，载于《行素》，1935 年，第 1 卷第 5～6 期，第 35～52 页。

"甲：关于急赈者：

（1）共拨现款 462.5 万元，计分鄂 100 万，苏 90 万，皖 76 万，豫 83 万，赣 35 万，湘 26 万，鲁 20 万，沪难收容所 2 万，余分配灾情较轻之各省。

（2）共发冬衣 50 万套，计分皖 14.5 万套，湘 8 万，苏 7.5 万，鄂 7.2 万，豫赣各 6 万，余分散各地。

（3）发放粮食，计白米 17.5 万包，又 465 吨面粉 2775 包，高粱 7000 袋又 200 吨，菜种 115 吨。

乙：关于工赈者：工赈为该会重要之救灾事业，其工程区分十八区，计长江七区，淮河三区，汉水二区，运河、洞庭湖及河南各一区，江北运河东三区。每区设局，局下分段。全工程之直接间接收容灾工，使得生活者达 140 余万人，工资除汉水一区，因运输不便，发用现金外，余均以所借美麦或面粉代发，共计发放赈麦 22 万吨。修筑堤防长达 3000 千米，又筑成土方 1000003000 万立方米，民国二十一年夏间水涨时，赖以此免洪灾。委员会于民国二十一年七月结束，全部工程其极少部分因特殊关系未完者，移交全国经济委员会绩办。

丙：为复兴农事，施行农赈，分配美麦 5 万吨，计江苏 8600 吨，宁属 70 吨，安徽 1 万吨，江西 5000 吨，湖北 1 万吨，湖南 1 万吨，余分散于灾情较轻各处。

此外，尚有卫生防疫设施，于各区均设临时医院，临时检疫所，排定卫生工作队、防疫注射队，以办理之。"

"灾情既如此严重，然而究如何以图赈济？除地方各自小理善后处，中央乃由实业部拟其救济办法，并呈奉行政院令准设立旱灾救济办事处，兹将其具体计划条例分列如下：

一、经费100万元：以90万元购买种子，以8万元为出发各灾区指导费用，以2万元为办公费用。

二、指导方法，计分二部，甲，救旱：购买荞麦、马铃薯、玉蜀、绿豆等晚种植物分发，指导改种；乙，善后：查农家每年插秧稻种，均仅保存一年之用。本年栽种之后，不幸天旱枯黄，收成几无，势将影响来年栽种之缺乏，为免此种恐慌起见，特令各灾区尚稍有收成者，及未被灾之区，尽量保存稻种，以备来年之用，及努力增进种本年冬作物，以防不足。"

1944年，《闽政简报》[①] 中记录了安徽黄灾振济委员会的救济工作。"安徽黄灾振济委员会致电皖北黄灾奇重，千百万灾黎，待振迫切，省振济委员会拨款一万元汇寄安徽省政府托为散振。古田县政府北长乡塔火警灾民杨善金等二十七名，各发救济金十元，振米七斤，以资振却。"

1947年，杨宝煌在《红十字月刊》[②] 撰文介绍了红十字会的起源，红十字会在灾害救济中的地位，分析了灾害救济中红十字会的工作范围，最后指出红十字会在灾害救济中仍需与其他组织

---

① 《救济灾害》，载于《闽政简报》，1944年，第14期，第15页。
② 杨宝煌：《红十字会与灾害救济》，载于《红十字月刊》，1947年，第19期，第1～4页。

合作。其中谈到"救济工作的项目很多，广义地讲，灾害的预防亦应包括在内，预防救济，例如消防之于火灾，水利之于江河泛滥，医院之于疫病，当灾害尚未形成的时候，应多多准备，这种预防工作，可以避免灾难之发生，即或发生亦可减轻其严重性。例如气象设备之完密，造林保土之实施，建筑安全之加强，环境卫生之改良等，自均政府的职责，红十字会不与其事。灾害之救济及为灾害救济之种种准备，如直接救济中对于伤病的急救、运送、医治，灾民食物的供给、住所的安排，以及必需的衣着救济，这些工作，固然政府也需注意，而一般都由红十字会来担任，至于房屋之重建、家具之补充，以及职业辅导等，这些复员工作多属政府的工作，在政府力量不足的时候，红十字会也可以尽力协助，或者受命担负起这任务，政府赋予红十字会者因为此，红十字会自动参加亦有宥于此。至于灾区残物的清除，社会治安的破坏，经济生活的崩溃，教育事业的停顿，以及公共卫生机关等之救济与复员，甚至灾区赋税之辖免等，这些都该是政府的工作了。换句话说，政府对于人民，在灾害发生的时期，并不变改其应负的法律责任，应该和平时一样保护人民的生命、健康、财产与福利，对于大众已损失的财富应予以补偿及抚恤。所以政府之从事灾害救济不仅是同情、正义和人道，而更因为国家经济不容长期混乱，社会秩序之不容长期纷扰，政治法令不可长期被阻碍的缘故。一旦灾害发生，政府非但在道义上有此义务，而且在法律上有此责任，担当起救济的任务，应该迅速地会商实施有效、适当而合理的工作。"

综上可知，在民国时期关于自然灾害的研究已经初步展开，研究者借鉴了当时世界上较为先进的灾害救治管理方法，并能针对中国经济社会现状，提出相应的救治策略。从总体上说，关于自然灾害的研究还相对表浅，还停留在对现状的描述、对受灾和救助情况的统计、对政府及红十字会在救济工作中的地位和作用的认识上。

第四章　中西生态环境思想之比较

　　比较法是思想史研究的重要方法之一。本章对中西生态思想进行比较，分为三节。第一节考察中国传统生态思想的"天人观"的演变，阐述中国传统文化中的生态伦理思想；第二节阐述西方生态思想，着重考察生态文学、生态伦理学以及生态政治学等西方生态思想发展的三个历史阶段；第三节从儒家自然观、伦理观与西方哲学伦理观，中西方生态实践等方面对二者进行比较。通过比较，作者认为在世界观、伦理观、实践观等方面，中国古代生态思想超越了西方生态思想。在此基础上，从"天人合一"的世界观的启示、"为天地立心"对责任主体的明确、"中庸致用"对实践观的丰富三个角度阐述了中国古代生态思想对西方生态思想的启示。

第一节 中国传统生态环境思想

在中国传统典籍中，不难发现有关生态伦理思想的记载。它通过对人与自然关系的认识和理解，塑造了东方传统生态范式的范例。它必将在与西方生态思想的互补、融合中，为人与自然合理关系的重构做出贡献。本节以中国传统生态思想的"天人观"的演变为研究对象，从周代的《易》开始论述，进而论述道家、儒家的生态环境思想，以深化对这一思想的认识和理解。

一、《易》的生态思想

《易》是我国最古老、最著名、最有权威的一部经典。《易》的著作系统，包含着丰富的哲学思想。其中一个主题，就是讲究"天人之际"。可以说，"天人关系"是中国哲学思想的主题，而其在《易》中表现得最突出。

在人和自然的关系问题上，《易》是仁知并重的。"知周乎万物，而道济天下，故不过。……乐天知命，故不忧。"（《系辞上》）既要以知"周"天下，又要以道义"济"天下。"穷神知化"是其主张，也就是要明了自然界的变化规律，并据此安排自己的生活。

自然界是人衣、食、住、行的重要依赖，人类很早便有尊重自然的意识，这在《易》中就有体现。所谓"进德修业"（《乾·文言传》）、"崇德广业""盛德大业"（《系辞上》）之学，就是从道德和智性上树立人的主体性地位，并指出了处理人与自然关系的原则及认识自然的必要性，这也说明了"周易"之"广大悉备"的原因。然而，我们应该重视将"德与知"统一起来及形成互动的整体的"崇德广业"之学，因为它不是朝着德的某个方向发展，而是强调两者的互动。这里的"德"不光是指人的品德，而是施之于万物，使万物得到滋养的"盛德"。唯有如此，人与自然的和谐相处才能实现。《易》的人文主义精神就表现在这里。

"天人合一"的境界是《易》追求的最高理想。这里所说的"天"具有先验意义，但不是实体。它不过是宇宙的全称和哲学的概括。《易》中说的"大人""圣人"是指达到了"天人合一"境界的人。之所以成为"大人""圣人"，正是因为他们能与"天德"统一，生命价值得以实现。

这种主体思想注重人在整个有机整体中的作用和地位，并且认为处于主体地位的人在实现"天人合一"境界方面起决定性作用。从占卜的角度看，这是后来（春秋时期）人们所说的"吉凶由人"（《左传》），即人自身是吉凶祸福的制造者，并非天命或神意所决定。如果《易》在这方面仍然保留着神或天命的形式，那么它几乎没有什么重要的作用。在《易》中，我们可以看到这种强调人主体地位和作用的思想，而且表现极为突出。

《乾·文言传》有言："夫大人者，与天地合其德，与日月合其明，与四时合其序，与鬼神合其吉凶，先天而天弗违，后天而奉天时。天且弗违，而况于人乎，况于鬼神乎。"这段话整体描述了"天人合一"的境界，包括"大人"的道德人格和种种功业。

其中，"与天地合其德"中的"德"，既是"生生之德"，又是"仁义礼正"之德。"生"是天德之根本，仁义等德性由"生"而来；"合德"是指实现生命之目的。

《系辞上》中讲的"乐天知命"，说的就是"天人合一"的境界。由于人与自然之间息息相关，达到了"天人合一"的思想境界，就会热爱自然界的万物，也就实现了人的德性。是以，《易》生态价值观的最高表述就是"天人合一"之境界。

二、道家的生态思想

作为一种自然主义的思想，道教思想的最高范畴是"道"。那什么是"道"呢？我们可以从价值观范畴和本体论范畴理解。从价值观范畴来看，"道"有生态价值的含义，它要求人的行为要符合自然规律，即与"道"相一致，"人法地，地法天，天法道，道法自然"（《道德经》）；从本体论范畴来看，"道"是宇宙万物的本源，即"道生一，一生二，二生三，三生万物"（《道德经》）。

老子的哲学生态思想是以"道"为起点的，其整个生态思想也是围绕"道"这个核心展开的。"道"既生成天地万物，同时还是它们存在与发展的决定力量。《道德经》有言："大道泛兮，其可左右，万物恃之而生而不辞，功成而不有。"就是说，"大道"是万物生存的凭借，但"道"却不因此而居功，由此可见"道"对万物的制约性。

133

老子认为，天道是人的规律，自然规律也是人类行为的规范。人类应该"放德而行，循道而趋"，"顺物自然，而无容私焉"。人类的行为应该像自然生态那样，"道生之，畜之，长之，育之，亭之，毒之，养之，覆之"。"生而弗有也，为而弗恃也，长而弗宰也，此之谓玄德"应该是人类对待自然的态度，助万物成长，却不主宰它们，这才是人类道德最高的境界。

用现在的理论解释，老子的生态思想可以说是跨越了人类中心主义，是一种生态平等主义。老子认为，人来源于自然并统一于自然。他说："故道大、天大、地大、人亦大。域中有四大，而人居其一焉。"（《道德经》）因而老子不主张将贵贱高下的概念用到自然界，而是要求尊重自然，协调好与自然的关系。

道家认为，任何事物本身都包含有发展的潜能，如果任其发展，本身就是完美的。自然平衡会被人类的干扰所打破，因此人类欲望越强，对自然的干预就会越多，对自然的破坏也就越大，进而导致自然失衡。从这个角度讲，人类会因自己的欲望而灭亡，是以老子崇尚自然无为："悠兮，其贵言，功成事遂，百姓皆谓'我自然'"（《道德经》），"是以圣人欲不欲，不贵难得之货；学不学，复众人之所过。以辅万物之自然而不敢为"（《道德经》）。这里的"无为"就是消灭自己的欲望，把自己融入大自然中。作为王者则要"行不言之教，处无为之事""功成，事遂，身退"，这样将"没身不殆"。

实际上，老子于两千多年前提出的生态思想与 20 世纪 60 年代西方出现的生态哲学思想的目的是一样的，都主张不过度干预自然，顺其"自然"，来维持生态系统的完整、稳定，进而实现人与自然的长远利益。

三、儒家的生态思想

儒家生态思想主要是一种"天人合一"的思想。这种思想非儒家独有，而是中国古人对生命的智慧和对宇宙理解的凝结，在先秦其他学说，尤其是道教中，都能发现这种思想。如埃姆斯（R. T. Ames）所言："儒家与道家的传统自然教义存在着共同的基础。"[①]《道德经》中有一段著名的话："人法地，地法天，天法道，道法自然。"其目的是想阐明法则于天地之间是相通的，并且此法则依归于自然、天地。《庄子·齐物论》言："天地与我并生，而万物与我为一。"讲的是自我得道的精神境界。

基于"天人合一"的思想，宋代儒家系统地发展了宇宙哲学、人生哲学。周敦颐（1017～1073）认为："圣人之道至公，是法天地至公，圣人亦法天之春生万物而秋成万物，即生民养民而又置刑以治""天以阳生万物，以阴成万物，生，仁也；成，义也。故圣人在上，以仁育万物，以义正万民。天道行而万物顺，圣德修而万民化；大顺大化，不见其迹，莫知其然之谓神"。

程颢、程颐深入地阐述了"天地之道是生之道"方面的道理。

---

① R. T. Ames：《Eneyolopedia of Ethies》，Garland Publishing Company，1992年，第 1226 页。

如程颢（1032～1085）说："天地之大德曰生。天地氤氲，万物化醇。生之谓性。万物之生意最可观，此元者善之长也，斯所谓仁也。人与天地一物也，而人特自小之，何哉？""仁者以天地万物为一体，莫非己也。认得为己，何所不至""若夫至仁，则天地为一身，而天地之间品物万形为四肢百体。夫人岂有视四肢百体而不爱者哉？"。

南宋思想家朱熹，提出"天人一理""天地万物一体"的理论，从而确定了人与自然之间的伦理关系的基本内涵和原则。朱熹从"生"上阐述了什么是"仁"。他认为"仁"是"生底意思，如四时之有春，彼其长于夏，遂于秋，成于冬，虽各具气候，然春生之气皆通贯于其中""天地之生气"。他还说："天有春夏秋冬，地有金木水火，人有仁义礼智，皆以四者相为用""天地以生物为心，天包着地，别无所作为，只是生物而已，亘古至今，生生不息，人物则得此生物之心以为心"。但朱熹不喜欢说仁和宇宙万物的话。

"天人合一"是儒家思想的核心，并且儒家强调天人关系是内在的，而不是外在的。汤一介先生认为，儒家的"天人合一"思想是把天、人看成一种东西，只有人才能彰显天，没有人则天就没有意义。儒家的天人合一思想可成为当代生态思想的重要资源。

第二节　西方生态伦理思想

英国工业革命后，经济和科技的飞速发展，环境、资源等诸多问题的加剧，导致了对工业文明的反思和生态文明的创造。1789 年，吉尔伯特·怀特以书信的形式完成的《塞耳彭自然史》，是西方生态思想诞生的标志，也是西方生态思想发展的一个阶段，是生态文学的代表作。此后，西方生态思想又经历了生态伦理学、生态政治学两个阶段。

一、生态文学

诞生于英国工业革命期间的生态文学是人类生态文明意识的萌芽。1789 年，吉尔伯特·怀特以书信形式完成的《塞耳彭自然史》标志着生态文学的出现，在书中，怀特忧思生态环境的变化，追念古典文明。怀特在历史上，尤其在西方生态思想演进的历史进程中享有很高的声望，他是英国历史上与思想巨人达尔文、斯宾塞和赫胥黎并驾的先驱。世界上其他区域、其他类型的生态人文主义也是在他的影响下产生的。在 1854 年，亨利·梭罗出版《瓦尔登湖》，来自英国的环保生态思想立即得到广泛的传播，一种强烈的爱护环境、热爱自然的生态意识在欧美世界形成。

在 19 世纪 60 年代，环境问题还没有成为事实上的批判运动。而在这时，通过《塞耳彭自然史》，怀特较早表达了对生态环境的忧虑。对历史、时代的感悟，对工业革命的批评、反省和对农业时代的怀念是怀特生态思想的源泉。在《塞耳彭自然史》中，怀特探讨了英国工业革命前后塞耳彭村的生态状况以及历史变迁。古典文化和近代思想家的智慧在《塞耳彭自然史》一书中随处可见。怀特在维吉尔《农事诗》中感悟到博物学家的品性："博物家夏季傍晚的散步，我深信他们中有神的智慧"[①]；在维吉尔的《牧歌》中凝听到树林间蚱蜢的尖叫声[②]；即使对"蜂"的刻画中，也包含着古典的气息，"还有声音击打穹石，发出鼓荡的回声"。在对动物脱皮的描述中，也可见到莎士比亚《仲夏夜之梦》中的语句。由此可见，除了在科学生态领域，怀特还将生态思想和文学结合在一起，是生态文学思想的开创者。

美国的亨利·D. 梭罗继承了怀特的生态思想。在生态思想从理想的生态人文主义思想走向现实的生态人文主义过程中，梭罗起到了承上启下的作用。他对怀特思想的继承表现在两个方面：一是继承怀特用文学名著阐述自己生态思想的方法，在《瓦尔登湖》中，常常可以看到希腊神话、历史名人和圣典故事；二是注重学习怀特的理论原著，他收藏了怀特的大部分著作，并在日记中引用了著作中的内容。梭罗对自然生活很崇尚，他常用好的生活概念来形容自然环境。从 1845 年到 1847 年，梭罗隐居于瓦尔登湖进行创作，他试图"站在一个完全客观的位置，远离尘世，从而真实地记录一个远离人类世界的大自然。"纵观梭罗一生，他创作了 200 多万字，出版了《瓦尔登湖》《种子的信仰》等著作。其中《瓦尔登湖》是他作为诗人的代表作，《种子的信仰》是他作

[①] 吉尔伯特·怀特著，缪哲译：《塞耳彭自然史》，花城出版社，2002 年版，第 110 页。

[②] 吉尔伯特·怀特著，缪哲译：《塞耳彭自然史》，花城出版社，2002 年版，第 362 页。

为科学家的杰作，在这些著作中，我们可以感受到梭罗与大自然的亲密接触，看到其对大自然的赞美以及对自然中存在的各种现象内在关联的探索。

在怀特和梭罗的著作中，我们能充分感受到早期生态思想家对自然问题的情感及智慧。这些源于他们对英国工业技术革命带来的不良影响的反思，对原始农业时代的怀念，对历史、时代的感悟。他们运用文学的方法，以一种孤独、宁静、典雅的文字表达方式，在生态环境中思考，从古代文化中汲取语言修辞和情感智慧，赋予它们新的意义，体现出早期生态思想家具有的特质和内涵。

二、生态伦理学

怀特和梭罗作为生态思想的伟大开拓者，对后世产生了深远的影响。20 世纪以后，生态思想经历了从文学思想向伦理道德的根本性转变。其标志是一系列著作的问世：1949 年，《沙乡年鉴》由普罗米修斯公司出版，作为美国著名环境保护主义者，作者奥尔多在书中把人和自然之间的和谐关系及道德规范建立在土地伦理之上；1986 年，《哲学走向荒野》问世，作者罗尔斯顿鼓励人们到大自然中寻求生命的价值体系；1988 年出版的《环境伦理学》尝试从人、动物、植物以及整个生态间构建生态伦理。

1949 年，美国著名学者奥尔多·利奥波德考察了美国沙乡农场等地方，并在此基础上提出了"土地伦理"理论，他是把人和自然的关系以及生态思想引进伦理学领域的第一人。利奥波德的"土地伦理"是把整个生态系统作为一个共同体来理解的，土地是这个共同体最重要的组成部分，而人类只是该共同体中的一员。人类不光有权使用土地满足自身生存需要，而且有义务保护、热爱、尊重土地[①]。当然，利奥波德理解的"土地"是一个囊括土壤以及在土壤上存在的动植物等相互依存的共同体。在此共同体内，每个成分都有其存在的权利。因此，精力充沛的人应该充分反映社会各成员在社会教育、法制等方面的生态意识，如资源、环境等。不仅如此，利奥波德还主张，人应从宗教、哲学层面上表达对这个共同体的感情和信念："如果在我们理智的着重点上，在忠诚感情以及信心上，缺乏一个来自内部的变化，在伦理上就永远不会出现重大的变化。资源保护还未接触到这些最基本的品性的证据，就在于这样一个事实：哲学和宗教都还没有听说过它。"[②]

被后世誉为"环境伦理学之父的霍尔姆斯·罗尔斯顿继承、发展了利奥波德的环境伦理理论。他对环境伦理学的贡献体现在以下两个方面：一是以辩证的态度对待前人的研究成果，在吸收的同时，也抛弃了传统环境伦理学的立论基础——权力学说，建立了以自然价值论为基础的生态伦理体系，罗尔斯顿环境伦理的核心问题是建立自己的自然价值的生态伦理体系。他认为，自然

① 奥尔多·利奥波德：《沙乡年鉴》，吉林人民出版社，1997年版，第194页。
② 奥尔多·利奥波德：《沙乡年鉴》，吉林人民出版社，1997年版，第199页。

价值生成于自然本省之属性以及生态系统的功能性结构，是客观存在的；二是除了工具价值、内在价值，罗尔斯顿提出了"系统价值"的概念，并将它应用于生态伦理的问题分析中。他认为，虽然生态系统具有工具价值和内在价值的属性，但我们面对的已不是它们。①

利奥波德是最先从伦理角度提出人和自然关系标准的，他尝试在传统文化中寻找土地伦理的支持。罗尔斯顿则继承并发展了利奥波德的土地伦理思想，从而完善了他的环境伦理学。以利奥波德为代表的环境伦理学家，突破了生态文学，除了结合生态文学的方法还从传统文化中汲取智慧，并发展为生态伦理学。生态伦理学的发展，为生态思想从文学到伦理，再到超越现实政治，做好了准备。

三、生态政治学

20 世纪的两次世界大战给人类带来了惨痛的教训，使人类开始思考"技术"是对还是错。物质主义和工具理性已经遭到普遍的怀疑。同时，自然环境也因工业的发展而遭到破坏，这时一些生态主义思想家、运动以及政府组织开始出现于欧美国家，它们对当代世界绿色政治文明建设具有重要影响。20 世纪生态思想经历了从生态伦理学到生态政治学的转变。

---

① 霍尔姆斯·罗尔斯顿：《环境伦理学》，中国社会科学出版社，2000 年版，第256 页。

生态政治秩序是如何构建的？概括来说，主要以三种方式呈现：学术群体、政党政治以及社会观念。它们与绿党、蕾切尔·卡逊和罗马俱乐部关于生态问题的探讨紧密相关。1962年卡逊的《寂静的春天》连载于《纽约人》，整个社会对其中描述的农药给人、动物带来的伤害感到震惊，大批民众参加、组织各种绿色生态运动。民众的参与所带来的压力，迫使政府介入这场运动。1963年，时任美国总统的肯尼迪成立特别委员会，该委员会通过调查证实卡逊有关农业存在危害的结论是正确的。在此背景下，美国首个民间环境组织成立，美国环保局也同时得以组建。

《寂静的春天》是西方生态思想史上具有里程碑意义的著作，它标志着生态思想进入政治时代，也就是诉诸创建政党政治和群众运动，试图"通过行动、资源和意识形态结构发展的全部内容作为西方政治话语的部分来建构绿色理想"。他们希望通过政治介入来更有效地改善生态环境。1968年，奥莱里欧·佩切依博士组织了来自十个国家不同领域的有识之士，建立了罗马俱乐部，该俱乐部超越了国家、民族、领域和意识形态，致力于解决人口、自然资源、农业生产、工业生产以及环境污染等方面的问题，出版了《增长的极限》等著作。

与此同时，各国绿色群体或政党也在开展各种环境运动。二十世纪六七十年代，保护生态的民众运动在世界各地上演，各国相继成立了绿色政党。其中，英国的绿色生态运动历史最悠久。1973年，《为生存而奋斗的行动计划》发表之后，绿色党就积极投入议会选举中，推进和平运动。此外，绿党在德国、比利时也得到了官方的认可，并在议会选举中取得显著成就。为使不同国家的绿色运动和政党能互相协作，在各国政党的努力下，1984年，欧洲绿党得以建立，该党的成立体现了强烈的人文精神，给传统的生态思想赋予了新的时代特征。

以上，我们简述了生态思想经历的三种形态，即生态文学、生态伦理学及生态政治学。不难发现，文学叙述是这三种形态共同的基础。此外，这些形态发展是连续的，既包容了前者，又有超越，从而促使生态思想不断发展、深化。我们可以以西方生态思想的历史演进为参考系，摒弃唯 GDP 马首是瞻的发展观念，构建生产发展、生态良好的发展模式。^① 只有这样，才能有效地促进生态启蒙与生态伦理的构建、生态法律与生态制度的构建和生态监督与生态评估体系的构建，从而推进我国生态文明建设事业向着科学和健康的方向发展。

第三节　中西方生态思想比较

中西方生态思想因其产生的地理环境、自然条件、文化传统、科技进步等诸多因素的影响，有着多重差异。本节主要从儒家自然观、伦理观与西方哲学伦理观，中西方生态实践等方面对二者

---

① 胡锦涛：《高举社会主义伟大旗帜，为夺取全面建设小康社会新胜利而奋斗》，人民出版社，2007 年版，第 20 页。

进行比较。通过比较，得出了中国古代生态哲学在世界观、伦理观、实践观等方面具有超越西方生态思想的独特价值。在对比研究结论的基础上，从"天人合一"的世界观的启示、"为天地立心"对责任主体的明确、"中庸致用"对实践观的丰富三个角度阐述了中国古代生态思想对西方生态思想的启示。

一、儒家自然观、伦理观与非人类中心主义生态伦理观的比较

有学者指出，儒家是"以人为中心"的，因此人类中心主义是儒家生态思想的特点。分析来看，对人存在的价值和意义、如何存在等方面的思考，构成了"儒学的中心课题"。冯友兰先生说："在中国传统哲学中，哲学是以研究人为中心的'人学'。"儒学承认人"最为天下贵"，这是一种将人与自然区分开的论述，但还要看到为何区分、为何"贵"，荀子从水火、草木、禽兽讲起，以人止，这是一个进化的阶梯，这个阶梯有个共同的本源，那就是人与水火、草木、禽兽同源创生。这种同源创生的认识，使人不能暴殄天物，而是在情感理性的指引下，去"亲亲而仁民、仁民而爱物"，去承担"参赞化育""为天地立心"的使命。所以从这种逻辑关系上可以看出，儒家的"以人为中心"不是在讨论人的主体性和人在自然界中的权利问题，而是在明确人在自然界中的被包含地位、人对自然所承担的责任和义务。这和西方生态哲学中的人类中心主义伦理观是有着本质区别的。

蒙培元认为，美国学者霍尔姆斯·罗尔斯顿提出的自然界有

"内在价值"的学说，与中国生命哲学强调自然万物作为自身具有其内在目的性这一点有其相似性。主张自然界具有"内在价值"是西方生态哲学发展到今天的一项重要理论成果，以辛格为代表的生物中心主义生态伦理观，将这种"内在价值"扩展到有知觉、感觉的动物身上后，并没有继续扩展到非生命体，所以在他的理论框架内，动物具有生存的权利，而植物就没有这种"内在价值"。换言之，植物能不能得到生存，需要人与动物作为评价者对其进行判断，这种伦理观是不全面的。以莱奥波尔德为代表的生态中心论环境伦理观，将这种内在价值推演到了"物种"，讨论了"物种"作为生物链上的一个环节所具有的内在与外在价值。这种伦理观在指导生态实践中会遭遇尴尬，捕杀者不会认为捕杀一只熊或虎就等于剥夺了整个物种的权利。

比较而言，儒家生态思想中的同源创生与"民胞物与"的责任明确，有助于当代生态哲学整体论世界观与伦理责任的建构。

二、中国古代生态实践与西方生态实践的比较

前文已经就中国古代生态实践具体层面和形式进行了比较全面的介绍。对西方的生态实践，在生态经济的阐述和生态保护运动中也有所涉及。中西方的生态保护活动都具有思想的自觉。"唯天为大，唯尧则之"，像尧舜那样敬畏天命，才能令四时行、万物生，"顺天者昌、逆天者亡"，所以要从国家层面对农耕时序、山林川泽进行保护，立"圣王之制"。西方社会看到生态危机的严重

性，所以把能源、资源消耗、污染值作为标准来衡量社会经济发展的环保指数，并形成了一种生态的政治伦理。再如中国有佛教徒护山护林、保护植被的环境保护行动，西方社会也有声势浩大的绿色运动、海洋保护者协会等，这些具有相似性。

不同的是，中国古人从"天人合一"的世界观认识出发，不仅在对自然的保护上采取了很多措施，而且将这种世界观推导演绎为人体的养生之道。中国古人认为，"人与天地相参也，与日月相应也"，人体和自然万物是相通的，人的生养要依赖于自然的变化，要顺着自然的规律。这就是中医之道，它既是一种文化形态，又是一种"生活自然"。"斯多噶派伦理学从自然开始，并且试图以与自然一致的方式描述生活。"这里所称的"与自然一致的方式描述生活"其实就是中医之术，就是传统养生之道，也就是中国道教所说的"因修会道"的生活观念。这种生活观念有学者称之为"生活自然"，即人在生活中按照人所具有的本质属性进行的生活行为运动和生活行为变化。詹姆斯·C. 利文斯顿在《现代基督教思想》中这样阐述，"有人认为，他们在古代，在人们只有一些容易满足的简单需要的那个富于田园气息的时代，发现了这种自然状态。"可以说，中国古人的生活观就是这种"自然状态"。儒家"爱物惜物"，道家"清心寡欲"，佛教"修行节欲"，都是在保持一种"只有一些容易满足的简单需要"。这种生态的、自然的生活观，值得西方生态思想学习借鉴。

三、中国古代生态思想对西方生态哲学的启示

尽管西方生态思想发展至今，一套全新的学科体系已见雏形，但其哲学基础还没有得到彻底的巩固，一些思想观点还缺少哲学逻辑的支撑。机械论和二元论的巨大影响还让很多生态哲学的研究者执迷于在人与自然之间找到一个"中心"，科学理性主导着的思维方式，总是鼓舞他们认识世界的信心，却难以让他们推论出人类保护自然的责任与使命。所以，西方的学者很早就对中西文化做出了预言。美国科学史家萨顿认为，21 世纪将是东方智慧第四次广泛传播的时代，主流思想就是东方有机论精神对现代科学的渗透，从而形成新的科学传统。施韦泽也认为，"动物保护运动在西方哲学中得不到任何支持""中国思想和印度思想中，人对动物的责任具有比在欧洲哲学中大得多的地位"。因此，推动生态哲学的发展，构建新的当代生态哲学思想，需要挖掘和汲取中国古代生态思想的精髓。

（一）"天人合一"为生态哲学提供了一种整体论世界观

生态哲学的研究重点在于对这个动态的生态过程进行研究，比如大气运动系统与农业生产的动态关系、社会经济发展运动与生物多样性的动态关系等，这就是生态哲学的关系实在论，"活的系统"是在强调它的运动性。所以生态哲学需要一种整体论世界观，余谋昌教授在《生态哲学：可持续发展的哲学诠释》一文中指出，西方生态哲学的研究者试图从主体、客体的统一中获得这

种整体论，但这种"统一"是为摆脱机械论与二元论影响做出的"反驳"，主张事物为它本身的主体，客体是它的身外物，主体和客体在相互作用下达到"统一"。这种统一没有牢固的哲学逻辑基础。中国古代生态思想的同源创生观点为这种新的整体论世界观提供了可能性。同源创生思想是中国古人认识世界的出发点，人类和万物是从同一事物中创生出来的，所以自然就是人类与万物的家园，万物如同人类的亲人，人类与万物、自然保持着生命意义上的整体性。这种整体性比西方生态哲学的研究者提出的主客体相统一、生态关系论更有情感优势，更符合人类的价值诉求和现实需要。

所以，西方生态哲学要尝试摒弃"中心论"的理论建构路向。无论诺顿、墨特的"人类中心主义"生态伦理观，还是辛格、莱奥波尔德的"非人类中心主义"生态伦理观，都是在人类、动物、生物、生态中寻找处于核心地位的事物。这种中心论的基调，依然是机械论和二元论留下的后遗症。无论选择谁作为中心，势必会出现无数个"非中心"，这对建构和完善生态的整体论世界观没有太大帮助。

（二）"为天地立心"为生态哲学明确了一个可靠的责任主体

西方生态伦理观为人与自然的关系提供了行动规范和伦理原则，在摒弃"以某某为中心"的体系建构路向之后，人不再处于主宰大地、改造自然的地位。从与自然关系的"中心"位置上退下来之后，生态哲学要找到一个让人类在生态系统中发挥主动性的理论依据显得十分困难，也缺少逻辑上的合理性。中国古代生态思想中的"成己成物""参赞化育"等观点恰好填补了生态哲学的这个理论短板。程颐说，"天地之常，以其心普万物而无心"①，人从自然界中化育出了德行、人性，就要作为"天地之心"去完成自然万物的"化育"。《中庸》讲"能尽人之性""尽物之性""赞天地之化育"的思想就是指导人在"成己"过程中，完成"成物"的责任。"天地以生物为心"，程颢所谓"仁者天地之心"，所以张载说"为天地立心"，其中一层含义就是以爱心仁德来对待世间万物，践行天地所具有的"生生之德"。从生态哲学的角度讲，张载所立"之心"，就是顺应物的特性、顺从自然的法则，将人的伦理道德付诸自然。儒家的这些思想都是在讲一个责任主体的问题。人活在自然当中，对自然富有维护和帮助其"化成"的使命，就是维护生态系统的有序性、和谐性。

　　当然，儒家强调这种责任和使命，也有所谓"敬畏天命"的宗教色彩。程颐讲"天人之际甚微"，是说人要是违背了天道、天理，就会遭到惩罚。从现实问题推理，人类的肆意妄为确实遭到了自然的惩罚。所以，从这个意义上讲，这种宗教意味强化了人顺应自然、保护自然的责任感和使命感，增强了人对自然的感激之情。这种带着"神秘主义"的敬畏之心，对于约束当今时代被全球多元化世界观、价值观改造过的人们的行为，具有积极作用。

---

① 《答横渠先生定性书》，出自《明道文集》卷二，北京大学出版社，2005年版。

（三）"中庸致用"为生态哲学找到了一种可行的实践观

中国哲学或中国思想具有"实用理性"的特点，中国哲学有其自身独特的理论样式，尽管这种表达缺乏逻辑性，有时部分概念定义不明，但却表现了中国哲学家的思考方式、价值诉求和"一种基于现实而又理想化的生活方式"。① "基于现实而又理想化"就是一种中庸致用。像《礼记》所言的"不以火田，不麛，不卵，不夭夭，不覆巢"和孟子所说的"数罟不入洿池""斧斤以时入山林"的做法，既不是为了保护生态环境而彻底放弃开发自然和农耕渔猎，更不是为了农耕渔猎、组织耕作而完全不顾及大自然的实际状况，而是不偏不倚从生产生活、满足需求与休耕休渔、保山护林之间找到平衡点，找到适可而止的状态。像老子所言"无为"和"无不为"的观点，既不是消极地全然不为，更不是浑然不顾地妄为，也是主张在"道常"的状态下，顺物之性。这种以"可持续"和"长久"为目的的居中守正立场对于调和依赖未来技术解决环境问题的经济乐观论和主张"经济零增长"的环境悲观论之间的矛盾提供了一种借鉴。同时，这种立场不仅为生态哲学提供了理论上的可能性，更提供了一种全新的生活实践方式。正如蒙培元先生所说的那样，中国古代生态思想是一种理论思想，更是一种生活、生产方式，渗透在古人生活的方方面面、角角落落，构成了古人身体力行的生态文明行为规范——一种在

---

① ［美］霍尔巴赫著，管士滨译：《自然的体系》，商务印书馆，1964年版。

生态文明意识指导下的、协调的行为能力。它比生态科技的文明、制度的文明、政治的和经济的文明更广泛，对生态环境的直接作用可以扩展到任何人迹所致之地、之时，因此，也更具有改善生态环境的积小成大的实践力量。

当然，我们也应该看到，受经济发展水平和人们认知水平的影响，中国古代生态思想也具有一定的历史局限性。比如，朴素的有机论自然观虽然有利于对世界的整体性认识与把握，但却缺少一种求真的科学精神，导致对事物内在结构、自然内部规律缺乏深刻认知，而如果不能对事物的内部结构有透彻认识，对生态能源、自然资源有深入的价值挖掘，必然也会造成价值的损耗与浪费。比如，中国古代生态思想表达的是一种精神境界，"仁民爱物""物无贵贱"等更倾向于一种修身规范与道义理想，并不是每个人都用这种规范和理想来指导自己的行为活动，这种向内的修身原则甚至会产生消极的态度，降低人们参与生产实践、参与关照自然的主观能动性，不利于创造人类的物质文明基础。

第五章　深入具体的生态环境保护实践

　　民国时期灾害频繁引起了社会有识之士的重视，孙中山提出"旱灾的治本方法也是种植森林，有了森林，天气中的水量便可以调和，便可以常常下雨，旱灾便可以减少。我们研究到防止水旱灾的根本方法，都是要造森林，要造全国大规模的森林。"[①] 森林和生态环境之间的关系逐渐被人们所认识，在以孙中山为首的社会贤达推动下，民国政府设立了林业机构，颁布了相关的法律法规，使得保护森林资源有了制度上的依靠。

　　灾害的频繁，导致人们物质生活质量下降，弱化了饥民的体

---

① 《孙中山全集》第9卷，中华书局，1986年版，第408页。

制，灾后往往会伴随着瘟疫的爆发。瘟疫的流行引起了社会的恐慌，也得到了政府的一定重视，民国当局进一步调整、完善了清末的卫生机构，制定了赏罚措施，并颁布了相关法律法规，对疾病的大范围传播起到了一定的抑制作用。

第一节　林业和公共卫生机构的设立

一、林业机构的设立

1912 年 1 月 1 日，中华民国临时政府成立于南京，设实业部，张謇任总长，下分农务、矿务、工务、商务四司。林业由农务司分管。

1912 年，当局把实业部分割成农林、工商两个部门。农林部以宋教仁任总长，设农务、山林、垦牧、水产四司。林业由山林司主管。农林部下设直属的林业机构。同年 12 月，林务总局在吉林成立，并于哈尔滨、沈阳设立两个分局，处理该区域的森林事宜。1917 年，林务总局撤销。1913 年设立山东长清国立林业试验场。1915 年 6 月，北京林艺试验田改为农林部第一林业试验站，山东省国家林业局试验站改为农业部第二林业试验站。1920 年，第三林业试验站在湖北武昌设立。这些林业试验站实际上只进行一般的育苗造林，并不进行试验研究。1922 年 12 月，三个林业试验站都改为林场。①。

1913年10月，农林、工商两部合并为农商部，由张睿任总长，设农林、工商、渔牧三司和矿政局。林业由农林司主管。著名林学家韩安在农商部任全事。1916年10月，农商部以整理林务行政、精简官制为理由，裁撤林务处。该处主管的业务仍归农林司办理。另外，1916年1月在农商部设林务研究所，从事林务研究。由于经费不足，林务研究所于1923年撤销。据不完全统计，1915年的全国森林工人已超过100人。

1916年末，《林业公会规则》由农业部出台，各县市积极响应，在乡村设立旨在发展自治林业的林业公会。计划先在交通便利、人口密集的山地搞起，然后再由大段官山，分区办理。津浦、京汉两铁路沿线及长江沿岸各地，最宜造林，计一百四十余县，依山乡村有一万四千余村。"村设公会一所，第一年每公会责令植树一万株，得一万万四千余万株，嗣后每年递进，期以十年，可得十四万万株。十年而后，次第成材，按年轮伐，利用无穷……嗣后办有成效，再行推广各省，次第兴办，则全国林业，似不难日臻发达。"②北洋政府期间，当局设立了少许林业机构和官职，如山林司、林务总局、林务总处、林务专员等林务处、森林局、林艺试验场（林场）、林务研究所、林务专员办事。尽管这些机构的规模不大，但却是我国最早的专门的林业机构，为我国林业的

---

① 熊大桐：《中国林业科学技术史》，中国林业出版社，1989年版，第405页。
② 陈嵘：《中国森林史料》，中国林业出版社，1983年版，第212页。

现代化奠定了基础。

1927 年，国民政府成立。次年 3 月，当局设立农矿部。部设农务、农民、矿业三司和总务处，林业由农务司掌管。10 月，改设总务、林政、农政、矿政四司。林业行政由林政司负责。林政司负责全国造林设计、林场建设、种苗、国有林保护、私有林奖励指导、国有荒山调查利用、国都国道植树、森林法规、森林警察、国产木材利用等事项。[1] 两年，联合建设委员会，农矿部设立了"中央模范林区委员会"，选择句容、六合、江宁三县为示范区域，进行育苗造林。次年 7 月，该委员会改名为"中央模范林区管理局"，由农矿部直管，实业部成立后，由实业部直辖。该局设总务、技术、推广三课。

1930 年 12 月，当局对农矿、工商两部进行整合，统一为实业部。实业部内设林垦署管理全国林业。其编制与人员配置远比一般司为大，且行政人员与技术人员相结合。[2] 1931 年 10 月，实业部设置中央农业实验所，包括林业技术研究。北洋政府农商部原设的武昌林场则由湖北省政府建设厅接收经营，改为湖北省立林业试验场。实业部规定地方林业行政系统。各省林业由建设厅、实业厅主管，厅下设林务局或造林场。有的省划分了林区，在林区设林务局或森林局。有的省设省辖的林场、林业试验场和苗圃。至于各县，林业由建设局（科）管理，许多县办有林场、苗圃。

---

[1]　吴金赞：《中华民国林业法制史》，正中书局，1991 年版，第 67 页。
[2]　吴金赞：《中华民国林业法制史》，正中书局，1991 年版，第 89 页。

据不完全统计，1932 年全国共有林业技术人员 583 人，其中国内外大学毕业生 240 人，中等农林学校毕业生 343 人。[①] 1938 年 1 月，为适应抗日战争形势，实业部改为经济部，林垦署被裁撤，林业由经济部农林司管理。此时期为时很短，没有重大建树。

1940 年 5 月成立农林部，内设林业司，主管林业行政。林业司负责下列行政事项：荒山荒地的勘测和造林；林地的编定整理和林区划分；保安林的编定及风景林、森林公园的设置；公、私有林的管理；林产物的利用奖励；林业团体的指导监督；森林警察；狩猎管理；林业调查设计；其他事项分为三科。[②]

抗日战争期间，在中国西部相继成立了一些林业机构。1941 年，农林部在重庆成立中央林业试验所。1941～1944 年，先后成立了一批国有林区管理处，如姚河流域、大渡河流域、秦岭等国有林区管理处。

据农林部林业司统计，1947 年全国有高级林业人才 1120 人，低级林业人才 940 人。[③] 与北洋政府时期相比，国民政府时期设立了一些新的林业机构。例如，中央示范林区管理局、国有林区管理处、中央林业试验所、经济林场、水土保持试验区、民林督导试验区等。从机构设置可见，当时对国有林、经济林、水土保持林的管理及林业试验研究开始进一步重视。

---

① 熊大桐：《中国林业科学技术史》，中国林业出版社，1989 年版，第 412 页。
② 吴金赞：《中华民国林业法制史》，正中书局，1991 年版，第 67 页。
③ 农林部林业司，1947 年。

二、公共卫生机构的设立

在中国医疗卫生事业长时间发展实践的基础上，在西方医学的冲击下，我国逐步确立了近代卫生防疫机制。它始于清末新政，经过北洋政府，于民国基本确立。公共卫生管理体制的建立和公共卫生事业的发展是卫生防疫事业发展的前提和基础。因此，在探讨国家防疫政策时，首先要明确卫生防疫机构的演变，包括中央和地方两个层面。

我国中央卫生行政机构开设于清末新政。1905 年，当局设卫生科，隶属于巡警部警保司。次年，随着巡警部改制为民政部，卫生科也改设为卫生司，置保健、检疫、方术三科。1912 年，北洋政府在内务部设立了管理全国卫生行政事宜的卫生司，同时，在京师警察厅设立了负责清洁、保健、防疫等事项的卫生处。[①]

1927 年，南京政府设置了类似于北洋时期的内务部卫生司的内政部卫生司，但由于各种原因，很快被撤销；次年又创设了卫生部，内设总务、防疫、医疗、保健等司，分别掌管各项卫生事宜；1931 年，卫生部并入内政部；到 1947 年又升格为卫生部，拟设医政、药政、防疫、保健、地方卫生、总务六司及中医委员会。民国政府多次改变卫生行政机关名称，最高的官员也经常变化。

---

① 邓铁涛，程之范：《中国医学通史（近代卷）》，人民卫生出版社，2000 年版，第 469 页。

近代，当局重视防疫机构的建设，尤其是中央层面的，如北洋政府时期，当局设立中央防疫处。南京国民政府时期，卫生防疫机构大量增多，主要有中央卫生试验所、西北防疫处、蒙绥防疫处、全国经济委员会下的卫生实验处、全国海港检疫管理处及中央医院等。至于地方层面，北洋政府时期，并无设置，只在疫病发生的地方设立临时的防疫机构；南京国民政府时期，卫生部门在省、市、县设立卫生局，逐渐形成了从中央到地方的防疫体系，疫病预防能力大大增强。

1928年，当局制定了《卫生行政系统大纲》，规定了卫生部的归属问题：卫生部由行政院管辖，各省卫生机构由民政厅负责，各市的卫生局由市政府统筹，同时各省市卫生机构受到卫生部的监督和指挥。1931年4月，国民政府明令改卫生部为卫生署，隶属内政部，下设三科：总务、医政、保健。其中，总务科负责文书、会计编辑等事项；医政科处理医师、药师、助产士、护士资格及业务的审定监督，我国药典的调查编订，及食品检查等事项；保健科处理传染病的检验、卫生统计、卫生行政人员的训练、各项卫生设施的指导监督及医药救济等事项。1932年9月，由全国经济委员会设立的中央卫生设施实验处是当时最高的卫生技术机构，主要负责各项有关卫生的研究。同时，联合教育部，内政部设立了医学、护士教育委员会，教育部相应设立了卫生教育设计委员会，负责推进医学教育工作。

1936年卫生部成为行政院的一部分，内部组织比在内政部时略有增加。1938 年 1 月，卫生署再次隶属于内政部。1940 年，卫生署被划归行政院负责，1944 年 3 月，国民政府正式颁布法律，宣布其合法性。1947 年 6 月，卫生署改名为卫生部，并继续由行政院负责，并设立医政、防疫、药政、地方卫生、总务等司及中医委员会。当时因经费所限，药政司及地方卫生司暂未设置。

第二节　相关法律法规的颁布

一、林业法律法规的制定

民国初年，韩安、凌道扬等林业界人士积极倡议北洋政府制定《森林法》《狩猎法》，以及规定植树节。1912 年，农林部明确制定林政方针：凡国内山林，除已属民有者由民间自营，并责成地方官监督保护外，其余均定为国有，由部直接管理，仍仰各该管地方官就近保护，严禁私伐。[①] 1915 年，北洋政府规定清明节为植树节[②]。北洋政府时期，当局还制定了《森林法》等林业法规。

（一）《森林法》

1914 年 11 月 3 日，我国第一部《森林法》由北洋政府颁布，

---

① 陈嵘：《中国森林史料》，中国林业出版社，1983 年版，第 78 页。
② 熊大桐：《中国林业科学技术史》，中国林业出版社，1989 年版，第 372 页。

共 6 章，32 条，"条文虽简，但尚能包括一切林业设施。"[①] 第一章总纲，规定森林的所有权。"确无业主之森林及依法律应归国有者，均编为国有林"，由农商部直接管理或委托地方官署管理，对于跨省的江河水源或牵涉到国际的国有林，由农商部直接管理。第二章保安林，规定保安林的编定、解除、补偿等。将有关预防水患、涵养水源、公众卫生、航行目标、便利渔业、防范风沙的森林改编为保安林，非经准许，不得樵采，并禁止带引火物入林。到无必要时，可以解除保安林。第三章奖励，目的是鼓励个人或团体在官方荒野地区进行植树造林。规定承领的面积不得超过 100 平方里，但该地造林完毕后可以申请扩大面积。满 5 年后，如造林确有成绩则发还保证金，按年息 3‰～5‰核给利息。第四章监督。地方官署为公益起见可禁止或限制在公私有林内开垦，如公私有林所有者滥伐或荒废森林，可限制或进行警戒。地方相关部门有权在荒山植树造林。

《森林法》是国家林业活动的总章程，是林业政策的集中体现，也是制定其他林业法规的根据。"北洋政府制定的这部森林法，内容很不完善，但它是中国第一部森林法，是中国林业法规的嚆矢。"从此，中国揭开了依法治林的序幕。而且这部森林法，特别重视"保安林"，提出了经济"补偿""不得樵采"的问题；奖励承包官方荒山地区造林问题；以及"强制造林"等问题。这

---

① 吴金赞：《中华民国林业法制史》，正中书局，1991 年版，第 67 页。

实际上，是重视了森林的生态效益，并触及到了生态公益林的管理、补偿问题——林业的根本性问题。应该说，这部森林法在许多方面确有开创性，值得今天好好研究和借鉴。

1932年9月，国民政府颁布《森林法》，分10章77条。第一章"总则"，规定森林所有权的归属分国有林、公有林和私有林。第二章"国有林及公有林"，规定国有林由主管部设立林区经营管理，地方主管或自治团体负责经营管理公有林。第三章"保安林"，规定能发挥下述作用的国有、公有乃至私有林应被列入保安林：防患水害、风害、潮害；防风固沙；公众卫生；便利渔业；保存名胜古迹风景。第四章"林业合作社"。第五章"土地之使用及征收"，对相应的问题都做了明确的规定。第六章"监督"，规定森林管理者要将与森林相关的信息，如林业图、管理计划等，向主管部门报告，并应接受指导。如违反指定方法而砍伐竹木，得令其停止砍伐，并补行造林。编入森林用地的私有土地，地方主管官署得令地主限期造林。第七章"保护"，规定地方主管官署和警察官署依法管理林产物的运搬。森林所有人应驱逐或预防森林害虫。

1932年颁布的《森林法》较1914年颁布的《森林法》，增加了4章45条，内容更加丰富。所增4章为：国有林及公有林、林业合作社、土地之使用及征收、保护。有学者认为，林业合作社一章是最有特色的内容，其次是土地之使用及征收。①

(二)《狩猎法》

1914 年 9 月 1 日，北洋当局颁布《狩猎法》，该法共 14 条②。《狩猎法》规定：狩猎器具的种类和限制，由地方警察官署长官规定，详报当地最高级长官转农商部；不论何人未经警察官署核准不准狩猎；警察官署给狩猎者发狩猎证书；不能用炸药、毒药、剧药、陷阱捕获鸟兽；特别情况必须采用上述方法时，应经警察官署核准，由警察官署先期发布布告；不得在禁山、历代陵寝、公园、公道、寺观庙宇、群众聚集地和其他禁猎地狩猎；鸟兽窜入他人园地或栅栏，未经所有者同意，不得任意追捕；受保护的鸟兽，一律禁止狩猎；狩猎时须携带狩猎证书，并随时接受该管官署检查。除此之外，还规定了违反狩猎规定的处罚办法。

1921 年 9 月 14 日，当局农商部颁布了《狩猎法施行细则》，该法共 23 条，对狩猎证书、狩猎禁区、保护鸟兽的种类、处罚等有关事项作了具体规定。

1932 年 12 月 28 日，国民政府颁布新制定的《狩猎法》，共 19 条。与旧《狩猎法》相比有一定的进步性，如对鸟兽、狩猎人员、禁猎条件都做出了更明确的规定，狩猎时期进一步缩短，处罚更重些。新《狩猎法》将鸟兽分为四类：(1)伤害人类的鸟兽；

---

① 吴金赞：《中华民国林业法制史》，正中书局，1991 年版，第 97 页。
② 陈嵘：《中国森林史料》，中国林业出版社，1983 年版，第 74 页。

（2）有害牲畜、禾稼、林木的鸟兽；（3）有益禾稼、林木的鸟兽；（4）可供食品和用品的鸟兽。各类鸟兽的名目由实业部规定。第一类鸟兽随时可狩猎。第三类鸟兽除供学术研究经特许者外，不得狩猎。第二类和第四类鸟兽由各市、县政府规定每年的开猎、闭猎日期。下列人员不得狩猎：（1）未成年人；（2）精神病人；（3）士兵和警察；（4）受本法处罚未满 1 年者。狩猎期间为每年 11 月 1 日起到翌年 2 月末止。遇有下列情形时，市、县政府和警察机关得停止狩猎：（1）宣布戒严时；（2）发现盗匪时；（3）准许狩猎的鸟兽有保护的必要时；（4）准许狩猎的地方有禁止狩猎的必要时。违背本法有关条款者，处以 50 元以下的罚金，并撤销其狩猎证书。

二、公共卫生法律法规的颁布

民国时期，公共卫生管理制度日趋完善，如民国政府效仿西方设立卫生部统筹全国医药卫生工作。同时，为保证政策实施，医事立法的步伐明显加快，据《民国医药卫生法规选编》所载，民国时期的各种医药法规计有 123 个，其中，专门的防疫法规就有 14 个，[①] 为疫灾防治规定了基本的框架、规则及具体做法，它体现了国家权力的强烈干预，以法律的形式界定了公共卫生行为规范。这一时期的防疫立法，也是我国防疫立法专门化、具体化

---

① 张在同：《民国医药卫生法规选编》，山东大学出版社，1990 年版，第 347～356 页。

的时期。虽然这些法规由于历史原因未能一一贯彻执行，甚至有些成为一纸空文，但是，法律是为政治服务的，专门细致化的防疫法规也体现了国民政府对瘟疫救治采取了积极防治的政策，这在每次的疫灾防治中都有不同程度的体现。政府为了奖励在防疫中表现出色的人员，惩罚防治不力的现象，制定了一些奖惩措施，并用法律法规的形式规定下来。

1929年2月1日，卫生部发布《防疫人员恤金条例》，针对因防疫而死去的防疫人员，根据卫生部对防疫人员的劳绩核定，给予一定数额的抚恤金，以安慰死者家属。规定有十等恤金，一等恤金五千元，十等恤金五百元，每等差额为五百元。恤金应一次支付。另外，还要酌情给予一千元以下一百元以上的硷葬费。①同年，卫生部又发布了《防疫人员奖惩条例》，该条例规定在瘟疫盛行的地方，要对防疫人员采取一定的奖罚措施。规定应给予奖励的行为有：能迅速扑灭疫症、救活多数人性命的；防范尽力有实效的、不避危难救护病人的、诊治疫病成绩显著的，其他不辞劳苦办理防疫事务的。依据劳绩的大小，施行三种奖励方式，即升用或政府褒奖、晋级或给予奖章、记功或嘉奖。记功三次可以晋级。非公务员应受奖励时，由政府给予褒奖、奖章或嘉奖。本条例规定防疫人员如有以下行为，会对其行为进行惩罚：畏难退缩酿危险者；报告不实致误防务者；检验不确者；其他违背或废

---

① 《中华民国法规大全（一）》，商务印书馆，1936年版，第1128～1129页。

弛职务者。惩戒分为降职、降级和一记过，一记过三次予以降级。

此外，1929 年 3 月 2 日，卫生部又颁布了《捐资兴办卫生事业褒奖条例》，规定"凡捐助私财办理公共卫生及医疗救济事业而不以营利为目的者"[①]，由当地卫生行政机关报表于卫生部给予奖励，直接捐资给卫生部的给予褒奖，捐资五万元以上的由行政院给予特别褒奖；捐资三万元以上者，奖给金质一等褒章外，另送匾额一方；捐资一万元以上，奖给金质一等褒章；捐资五千元以上，奖给金质二等褒章；捐资一千元以上，奖给金质三等褒章。同时对私人结合团体、遗嘱捐资、动产与不动产资助也有规定。1932 年 2 月 13 日，内政部发布了《捐资兴办卫生事业褒章给与规则》，对褒章、褒状及匾额的奖给佩戴都有规定，并附表说明执照样式。

第三节　民众环境保护意识的提高

一、民国时期林业教育的发展

民国时期，林业教育也得到了一定的发展。《森林法》颁布后，又成立了林务研究所[②]。因此，林业教育研究受到社会各界的关注。

---

① 《中华民国法规大全（一）》，商务印书馆，1936 年版，第 1090～1091 页。
② 陈嵘：《中国森林史料》，中国林业出版社，1983 年版，第 85 页。

（一）林业经费

民国时期，伴随着林业的发展，林业经费也有所增多。"防止水灾与旱灾的根本方法，都是要造森林，要造全国大规模的森林"，[①] 这使得政府和社会更加重视林业。仅 1932 年，各省林业经费支出就达 168 万多元。为了更好地说明林业经费的相关情况，以四川省为例分析，1935 年，四川当局规定各县的年度预算要将林业经费纳入。1936 年和 1937 年，全省苗圃经费多达十六万多元，林场经费达到近七万元[②]。林业经费来源于多种途径，除了财政收入，政府还建立了一定规模的经费资助体系。以 1934 年创办的庐山植物园为例，其运营的经费来源有：（1）政府拨款，省政府于 1937 年拨给补助费二千元；（2）中基会与省农业院，它们共同承担开办费、常年费；（3）中英庚款管理委员会，委员会补助一万元用于森林园艺实验室的建设。[③]

（二）林业学校教育

民国时期，林业教育大致可归为三类：高等教育、专科教育以及高级职业教育。林业的高等教育主要设在高等院校的农学院。当时，很多高校设立了农学院，比较著名的有国立北平大学农学院、私立南京金陵大学农学院、国立中山大学农学院等八所院校的农学院（表 5.1）。除了八所高校，武汉大学、省立安徽大学和

---

① 陈嵘：《中国森林史料》，中国林业出版社，1983 年版，第 96～97 页。
② 陈嵘：《中国森林史料》，中国林业出版社，1983 年版，第 96～97 页。
③ 静生生物调查所，静生生物调查所第九次年报，北京，1938 年。

山东大学等都有计划筹办农学院，设立林业部。

关于林业专科教育，《专科学校条例》由民国政府于 1929 年颁布后，各地开始兴办农林专科学校。这些专科学校有两大特点：一是既有公立性质的，也有私立性质的，前者包括江西省立农艺专科学校、察哈尔农业专科学校、东北农林专科学校、国立西北农林专科学校，后者有福建集美农林专科学校；二是多分布于边远地区，为当地培养了大量的专业人才，有益补充了林业高等教育。

关于林业职业教育，近代以来，尤其是民国时期，国人对外交流日趋频繁。受美国职业教育的启发，许多有识之士呼吁、提倡职业教育，林业职业教育也随之发展，很多省份开办了森林职业学校，如湖南省立第一农校、安徽省立第一和第三农校、江苏省立第一农校、湖北省立第一和第二农校、陕西省立甲种农校、福建省立农林中学、江西省立第一农校、四川省立江津农校、云南省立农校等。其中，办学最完善的是江苏省立第一农校。民国时期，林业职业教育的发展，为我国培养了大批职业人才，促进了林业的发展，增强了林业的影响力。

表 5.1　民国时期林业高等教育

学院名称	成立时间	地点	专业设置	备注
国立北平大学农学院	1928 年	北平罗道庄	农业经济学，农业化学，农艺，林学，畜牧学，农业生物	由前清京师大学农科改组而成

续表

学院名称	成立时间	地点	专业设置	备注
私立南京金陵大学农学院	1915年	南京鼓楼	动物，农艺，园艺，森林，乡村教育	
国立中山大学农学院	1926年	广东东山石马岗	林业生产，林业经营，林业利用	由广东农林讲习所演变而来
国立中央大学农学院	1927年	南京三牌楼	农业化学，农艺，园艺，森林，蚕桑，畜产兽医	
国立浙江大学农学院	1927年	浙江杭州	农艺，园艺，森林，蚕桑，农业社会	
河南省立河南大学农学院	1927年	河南开封	农艺，园艺，畜牧，森林，农业经济	由河南公立农业专业学校改组而成
河北大学农学院	1930年	河北保定	农艺，园艺，森林	由河北公立农业专门学校改组而成
江西农学院	1934年	江西南昌	农林教育，林业推广	

注：资料来源于陈嵘的《中国森林史料》，第196～199页。

（三）林业教育所产生的影响

1. 林业推广

民国期间，林业教育转向应用研究，林事改善"藉谋促进农、林、医、工各种实业生物学之应用为宗旨"[1]。林业教育方向的转变促进了林业试验场所的创建。这些研究机构的成立，提高了我国林业的科技水平。在此之前，大部分林业试验推广机构采用的是西方近代林学理论和方法。1938 年，四川省峨眉山林业试验场对树木进行人工有性杂交育种试验，取得成功，并得以推广。次年，重庆成立了第一个木材试验室。1941 年，中央林业实验所在重庆筹办，筹建时设三个组：造林研究组、林产利用组和调查推广组，后又增加木材工艺、林业经济、森林副产、林业推广等。

1940 年，林道扬等专家耗时两年调研了黄河中上游的陕西、青海、甘肃等地，完成《水土保持纲要》，就如何推动水土保持工作给出了很多建议。1943 年，有关部门在甘肃天水开展水土保持实验，该实验项目以大柳树沟为示范区，这也是中国首个小流域综合治理示范区，项目成果促进了黄河流域的水土保持工作的开展，同时，也为中国以后进行相关实验积累了经验，开辟了道路。

2. 林业学术价值

民国时期，林业教育发展的一个重要影响是促进了林业学的发展。1917 年，"中华森林会"成立，创办《森林》杂志；次年，

----

① 《第一次中国教育年鉴》，开明书店出版社，第 1934、1138 页。

改名为"中华林学会",刊名也改为《林学》。据金陵大学图书馆出版农业论文索引内载,不下数千篇,而林业科研著作,亦有 70 种①。这些文献中包含着翔实的林业资料、数据,为当前研究民国时期的林业发展提供了科学的依据,有很高的学术价值。

民国时期,战乱不断,政府的主要精力也放在战争上。因此,尽管制定了一系列林业的法律法规,但存在着执法不到位、林业经费不足、林业教育师资不足等问题,林业教育未能达到预期的目标。但不能因为这些问题,而全盘否定民国时期林业教育的贡献。这一时期,林业教育主要取得了以下几方面的成果:设立了较完整的林业教育体系,有二十一所高等院校设立了森林系;形成了多层次林业教育,有高等教育、专科教育和职业教育,培养了千余名林业人才;引进了西方先进林业科技成果,同时创造出自己的科技成果;提高了民众的林业保护意识,植树节设立后,每年都举行植树造林运动。此外,民国时期的林业教育实践也为新中国林业教育提供了有益的借鉴。

二、传教士与中国近代公共卫生

19 世纪中叶,中国的卫生环境令人担忧。很多西方人把中国看成流行病的发源地,因为很多西方已经控制的传染病在当时的中国仍旧流行。这些传染病危害极大,每年因染疫而病逝的人数

---

① 陈嵘:《中国森林史料》,中国林业出版社,1983 年版,第 201 页。

众多，对人们的生命财产安全带来威胁。与此形成对比的是人们的卫生意识淡薄，"天寿在乎天命"的思想植根于人们的头脑中。

鸦片战争的爆发迫使中国对外开放，一系列不平等条约要求中国开放更多的通商口岸，越来越多的传教士进入中国。这些传教士震惊于这里的卫生、疾病。在汉口传道的医师麦考尔（P. L. Mcall）曾有这样的描述："没有必要特别提醒人们，中国卫生问题有多么紧迫。大多数人都可以常常看到这样的景象——一个乡村池塘，在它的一边就是厕所，各种各样的废物被投掷到水中；水上漂浮着死狗，稍远处有台阶，附近人家有人下来打水，为日常家用。就在旁边，有人在塘里洗衣或洗菜。"或者是这样的情况："一个人断了腿，因为没有及时救治，没有用夹板固定伤腿，伤处的皮肤也溃烂坏死，伤情更加严重，此人的一生都被彻底毁掉了"。①

1910 年，美国社会学者罗斯（E. A. Ross）来到中国，他这样写道："这片土地人口拥挤，感觉压抑，普通民众对于卫生常识一无所知"，②"几千年来，生活在苏南地区的人们，稠密地聚居在乡村或围墙内的城镇中，拥挤在肮脏小巷内低矮、阴暗、通风不良的房屋中，睡在令人窒息的窄小房间内。饮用的是运河或稻田间排水沟内的脏水，吃的是变了质的猪肉和以污池中的废物为

---

① P L Mcall. Medical Education Among the Chinese [J]. The China Medical Mission Journal，1905，19（1）：95.

② ［美］E. A. 罗斯著，晓凯译：《罗斯眼中的中国》，重庆出版社，2004 年版，第 27 页。

肥料的蔬菜。由于人口高度密集产生的有毒物质使无数的人丧命。""城市里都没有公共用水设施。靠近河边的城市，河水就是居民的公共用水。由专门卖水的人直接将不经处理的河水用水桶挑着送到各家各户……如果河水太污浊，人们通常就用装有明矾并带有小孔的竹筒放入水中进行搅拌，等水变清澈后再饮用。①在这样卫生条件恶劣的情况下，患上传染病将是很可怕的事，譬如天花，加上大家对此都漠不关心，也不会采取隔离措施，以致疫情传染开来，结果后患无穷。"

公共卫生问题是伴随着人类社会存在的。有社区生活的地方就会存在公共卫生问题，且它与人口数量、密度及互动频率呈正比例关系。在地小人多的城市，人口密度大，互动频率高，公共卫生问题就比较突出；在地广人稀的农村，也存在公共卫生问题，但不严重。

教会医院是公共卫生与个人卫生宣传、教育、开展的中心。近代很多中国人对卫生法则的了解来自于教会医院。在医院里，医生、护士要求病人不随地吐痰、不喝脏水、便后洗手等以配合治疗。由于当时中国传染病流行，传染隔离显得尤为重要。20世纪初期，巴姆（Harold Balme）博士的调查报告显示，"教会医院有隔离设备的共有69个，占全部医院的42%"②。再就是关于消

---

① ［美］E. A. 罗斯著，晓凯译：《罗斯眼中的中国》，重庆出版社，2004年版，第5页。

② 司德敷等：《中华归主——中国基督教事业统计（下册）》，中国社会科学出版社，1987年版，第966页。

毒，包括病房用具、被褥床垫等，这些都在教会医院有反映。

对于医药传教士而言，治病和预防是其工作的重点，尤其是预防工作在当时的中国更显迫切。有位传教医师说："我们急迫地为他们（指中国人）医好病，如果我们只是不停地这样做，势必在以后的年代里，他们仍要像潮水一样涌向医院，还将总是为同样一种病而烦扰。我们必须寻找出病根，教会他们了解病因，帮助他们预防疾病免除痛苦。他们必须知道诸如致病的原因、卫生学的基本原理、妇婴卫生，以及对于家庭和社团来说，平安和宁静在治愈疾病时所显示的作用。"① 著名传教医师嘉约翰（John Kerr）认为，"医师的主要职责除了治病救人以外，还有预防疾病，根除引起病患的原因，医生只为治病，严格地说来，是一种狭隘的认识。在某种程度上，以各种手段来预防疾病，应为医生职责，医师们确实也认识到了这一职责，他们努力调研各种病因，尽力加以克服。各级政府也应当采取卫生行政的手段，来保护家庭、公共场所，城市和游客，防止流行病传播，以显示文明的公共精神。"

传教士，尤其是女性传教医师，对中国的慈幼卫生工作做了很大贡献。在传统观念里，小孩能否健康成长由天来决定，不依赖于人的因素，因此儿童的个人卫生是不被重视的。儿童生病时，父母把希望寄托在"求神拜佛""寻仙方""叫魂""压邪"上；若

---

① J Keer. Medical Missionaries in Relation to the Medical Profession［J］. The China Medical Missionary Journal，1890（4）：3.

遇到危险，便认为是"命中注定"。在教会医院和西药的影响下，这一切悄然开始改变。妇孺医院的创设，影响了我国古老的育婴习俗，现代妇女孕期保健意识也由此产生。刚开始时，来自底层社会的妇女不相信医院，对产科医院更是怀疑。但教会对孕妇嘘寒问暖，逐渐得到了她们的好感和信任。正是在这些女传教医生的帮助下，中国出现了专业的助产士、医生，大大降低了中国妇女和婴儿的死亡率。

传教医师积极地投身到防疫治疫的实际工作。近代中国，灾祸连连，疫病多发，传教士为此做了很多实际工作。面对1872年天津发生的霍乱，传教士"修合药料，施济活人，其方殊验，来乞者日众"①。1910年，东北地区发生了鼠疫，伍连德医生和来自中华基督教博医会、华北地区、南方地区的传教士一起亲赴疫区，参与控制和扑灭鼠疫的工作，并取得成功。1911年4月，由伍连德主持的国际防疫大会在中国召开。这次公共卫生事件也被视为中国接受西方医学的标志性事件，如时论所称："中国政府，素来重中轻西。自斯疫之发生及扑灭，中医束手、西医奏功，使政府诸公深感西医远过中医。"②

隔离、消毒、焚尸、烧屋等现代防疫措施当时不被民众所了解，用伍连德自己的话来说，这一史无前例的行动在当时引发了广泛的厌恶和反感，特别是火化尸体。当时，只有通过清廷颁旨

---

① 《申报》，1872-05-24。
② 《扑灭中国北方之瘟疫》，载于《东方杂志》，1911年，第8期。

施行。但 20 世纪初的几次疫情改变了民众的认识，他们逐渐接受了现代防疫手段。《申报》等主流媒体多次刊登与现代防疫器械、西医药品相关的报道，可以看出在中国民众日常生活中西式防疫方式之渗透。

结　语

　　早在商周时期，中国人对"生态环境"的重要性就有了初步的认识。然而，学界往往对西方生态环境理论研究有余，而对中国生态环境理论尤其是中国历史上传统生态环境思想却研究不足。本文选取中国传统生态环境思想中比较有代表性的民国时期，系统探讨民国生态环境思想，澄清学界对民国生态环境思想及当下生态环境理论的一些误解，也能为中国特色生态文明建设提供有力的历史参照。

　　民国时期的生态环境保护思想主要有以下几个特点：

　　一是现代性。民国时期的生态环境保护思想既包括传统"生态环境"中气候水文、江河湖川以及山林草木等自然环境因素，还包括城乡建设、卫生环境以及生产活动等社会人文生态环境因素。如孙中山先生"加强城市卫生建设防止疫病流行，兴修水利、植树造林预防自然灾害发生"的生态环境思想，张謇的"加强生态城市建设，优化人居环境；注重资源循环利用，形成生态化产业链；发展水利事业，改善生态环境；提倡植树造林，平衡生态"生态环境的主张，竺可桢包含着可持续发展的生态环境思想。

　　二是全面性。民国时期的生态环境保护思想，涉及的范围十分广泛。无论是飞禽走兽、鱼虾虫鳖，还是森林树木、草丛灌木，只要是生长在整个生态系统之间的因素，都在其讨论范围之内。不仅探讨了人和这些生态资源息息相关的联系，还认识到了它们彼此之间的相互影响、相互作用的关系。这种对生态环境的全方位考虑，充分反映了前人对人与自然关系的深刻认识和理解，值得我们今天学习。

三是广泛性。在民国时期，生态环境问题逐渐成为一个社会关注的焦点问题，所以参与这个问题讨论与研究的队伍十分庞大，他们中间既有政治家、企业家等精英人物，也有记者、小知识分子等普通民众。在生态环境保护这个局部领域出现了百家争鸣的现象，有力地推动了生态环境保护思想的发展和成熟。

四是局限性，尽管民国时期的生态环境保护思想蔚然成风，但是一些生态环境思想，尤其是普通民众的观点有很大的局限性。这是由科学知识在当时的中国普及程度不够所造成的。因为中国长时间的闭关锁国，加上战乱，民智未开，普通百姓所接受的科学知识有限，对生态环境的认知不够准确。如1932年，徐震池发表在《国立浙江大学校刊》上的《烟囱废气之利用（附图）》中指出，"汽车废气中，有百分之七是一氧化碳，一氧化碳的毒……最易受毒的为司机人，司机人每天虽呼吸少量，日久就要成为慢性中毒，而现头脑不清，因此驾驶时肇祸的，常有所闻"。正是基于这样的认识，使得提出的建议也有失偏颇。

但是我们也不能因此而全盘否定民国时期生态环境保护的思想在中国历史上的重要地位。产生于这一时期的生态环境思想无疑对现代产生了深远的影响，民国时期生态环境保护法制化建设的成功，为后代社会提供了一个极为重要的蓝本。如果没有民国时期生态环境保护的立法实践，中国现代的生态环境保护法制建设大概还需要一个漫长的摸索过程。

在即将完稿之日，笔者看到了一则消息：北京地区始于2016年12月30日的空气重度污染警报至今还没有解除。中国环保部部长陈吉宁2017年1月6日晚称，"去年入冬以来，中国多个地区发生多起大面积、长时间的重污染过程，作为环保部长，看到雾霾天，也感到内疚和自责。"这充分反映了我国政府在保护生态环境方面的重视。而客观存在的大量破坏环境、污染环境的现实，又说明生态环境保护工作任重而道远。因此，系统总结中国历史上保护生态环境的优良传统，唤醒民众的生态环境保护意识，是一件迫在眉睫而又意义重大的事情。

参考文献

［1］中共中央马克思恩格斯列宁斯大林著作编译局. 马克思恩格斯全集（第 20 卷）［M］. 北京：人民出版社，1979：38－39.

［2］中共中央马克思恩格斯列宁斯大林著作编译局. 马克思恩格斯全集（第 42 卷）［M］. 北京：人民出版社，1979：95.

［3］中共中央马克思恩格斯列宁斯大林著作编译局. 马克思恩格斯全集（第 3 卷）［M］. 北京：人民出版社，1960：20.

［4］阿诺德·汤因比. 人类与大地母亲［M］. 徐波，等译. 上海：上海人民出版社，2001：6.

［5］弗·卡特，汤姆·戴尔. 表土与人类文明［M］. 庄峻，等译. 北京：中国环境科学出版社，1987：3.

［6］蕾切尔·卡逊. 寂静的春天［M］. 吕瑞兰，李长生，译. 北京：科学出版社，1979：87.

［7］希拉里·弗伦奇. 消失的边界——全球化时代如何保护我们的地球［M］. 李丹，译. 上海：上海译文出版社，2002：18－19.

［8］苏秉琦. 中国文明起源新探［M］. 上海：生活·读书·新知三联书店，1999：181.

［9］池田大作，贝恰. 二十一世纪的警钟［M］. 北京：中国

国际广播出版社，1988：18.

[10] 施里达斯·拉夫尔. 我们的家园——地球 [M]. 夏堃堡，译. 北京：中国环境科学出版社，1993.

[11] 余谋昌. 生态哲学 [M]. 西安：陕西人民教育出版社，2000：4.

[12] 罗桂环，王耀先，等. 中国环境保护史稿 [M]. 北京：中国环境科学出版社，1995：14.

[13] 曲格平，李金昌. 中国人口与环境 [M]. 北京：中国环境科学出版社，1992：3.

[14] 金鉴明，王礼嫱，毛夏. 自然环境保护文集 [M]. 北京：中国环境科学出版社，1992.

[15] 潘岳. 环境文化与民族复兴 [M]. 光明日报，2003：10-29.

[16] 朱洪涛. 春秋战国时期的生物资源保护 [J]. 农业考古，1982（1）：11-23.

[17] 李丙寅. 略论先秦时期的环境保护 [J]. 史学月刊，1990（1）：9-15.

[18] 郭仁成. 先秦时期的生态环境保护 [J]. 求索，1990（5）：123-126.

[19] 罗桂环. 中国古代的自然保护 [J]. 北京林业大学学报，2003（3）：34-39.

[20] 张全明，王玉德. 中华五千年生态文化 [M]. 武汉：

华中师范大学出版社，1999：992.

[21] 朱松美. 周代的生态保护及其启示 [J]. 济南大学学报（社会科学版），2002 年，12（2）：33 - 38.

[22] 余谋昌. 我国历史形态的生态伦理思想 [J]. 烟台大学学报（哲学社会科学版），1999（1）：84 - 92.

[23] 许启贤. 中国古人的生态环境伦理意识 [J]. 中国人民大学学报，1999（1）：44 - 49.

[24] 李祖扬，杨明. 简论中国古代的环境伦理思想 [J]. 南开学报，2001（4）：62 - 68.

[25] 吴宁. 论"天人合一"的生态伦理意蕴及其得失 [J]. 自然辩证法研究，1999（12）：5 - 8.

[26] 郭书田. 浅谈儒家的生态环境保护意识 [J]. 生态农业研究，1998（2）：6 - 7.

[27] 朱松美. 先秦儒家生态伦理思想发微 [J]. 山东社会科学，1998（6）：63 - 66.

[28] 何怀宏. 儒家生态伦理思想述略 [J]. 中国人民大学学报，2000（2）：32 - 39.

[29] 王小健. 儒道生态思想的两种理性 [J]. 大连大学学报，2001（3）：95 - 98.

[30] 陈瑞台. 《庄子》自然环境保护思想发微 [J]. 内蒙古大学学报（人文社会科学版），1999（3）：102 - 108.

[31] 刘元冠. 老庄道家思想所蕴含的生态伦理观念 [J]. 湖

南环境生物职业技术学院，2001（2）：51-54.

[32] 赵春福，都爱红. 道法自然与环境保护 [J]. 齐鲁学刊，2001（2）：14-19.

[33] 孟昭红，李学丽. 略论儒家伦理中的生态消极因素 [J]. 哈尔滨工业大学学报（社会科学版），2004（6）：29-34.

[34] 鲍延毅. 孔子的生态伦理观及其对后世的影响 [J]. 中华文化论坛，1995（3）：61-65.

[35] 张云飞. 试析孟子思想的生态伦理学价值 [J]. 中华文化论坛，1994（3）67-72.

[36] 刘婉华. 荀子的生态观及其对解决现代环境危机的启示 [J]. 苏州城市建设环境保护学院学报，2001（4）：7-11.

[37] 高春花. 荀子的生态伦理观及其当代价值 [J]. 道德与文明，2002（5）：69-72.

[38] 蒲沿洲. 论孟子的生态环境保护思想 [J]. 河南科技大学学报（社会科学版），2004（2）：48-51.

[39] 陈明绍. 老子其人其书——老子维护生态良性循环哲理之一 [J]. 民主与科学，1997（2）：23-25.

[40] 陈明绍. "道"和生态环境系统——老子维护生态良性循环哲理之二 [J]. 民主与科学，1997（3）：34-35.

[41] 陈明绍. 维护生态系统良性循环之"道"——老子维护生态良性循环哲理之三 [J]. 民主与科学，1997（4）：30-31.

[42] 陈明绍. 化污染为资源"道"——老子维护生态良性循

环哲理之四 [J]. 民主与科学，1997 (5)：35 - 36.

[43] 陈明绍. 战争是对生态系统最严重的破坏——老子维护生态良性循环哲理之五 [J]. 民主与科学，1997 (6)：37 - 38.

[44] 谢阳举，方红波. 庄子环境哲学原理要论 [J]. 西北大学学报，2002 (4)：19 - 24.

[45] 张文彦. 论先秦儒家与道家的自然观及历史观 [J]. 史学理论研究，2003 (3)：61 - 65.

[46] 姜葵. 论庄子的自然观与环境保护 [J]. 贵州财经学院学报，2003 (4)：76 - 78.

[47] 白才儒. 上古神道传统与道教生态思想 [J]. 中华文化论坛，2005 (2)：90 - 95.

[48] 乐爱国. 道教生态学 [M]. 北京：社会科学文献出版社，2005.

[49] 王建荣. 试论墨子学说与环保之关系 [J]. 运城高等专科学校学报，2002 (4)：23 - 24.

[50] 任俊华，周俊武. 节用而非攻：墨子生态伦理智慧观 [J]. 湖湘论坛，2003 (1)：77 - 78.

[51] 李永铭. 墨子的环境观 [J]. 职大学报，2004 (1)：24 - 26.

[52] 张子侠. 商鞅为何"刑弃灰于道者" [J]. 淮北煤师院学报，1994 (2)：75 - 78.

[53] 戴吾三. 略论《管子》对山林资源的认识和保护 [J].

管子学刊，2001 (1)：35 - 38.

[54] 王社教. 民国初年山西地区的植树造林及其成效 [J]. 中国历史地理论丛，2002 (3)：105 - 109.

[55] 申成玉. 北洋政府时期的林业发展 [J]. 史学月刊，2009 (8)：128 - 131.

[56] 李芳. 试析抗战时期陕甘宁边区的生态保护工作 [J]. 延安大学学报，2007 (3)：33 - 37.

[57] 曹风雷，马亚娟. 抗战时期的河南造林运动 [J]. 新乡师范高等专科学校学报，2006，(1)：114 - 116.

[58] 单宾. 环境刑法的演变 [D]. 北京：中国政法大学，2009：13.

[59] 罗桂环. 中国环境保护史稿 [M]. 北京：中国环境科学出版社，1995：78 - 79.

[60] 葛兆光. 中国思想史 [M]. 上海：复旦大学出版社，2001：113.

[61] 李振宏. 历史学的理论与方法 [M]. 郑州：河南大学出版社，1999：408.

[62] 埃米尔·迪尔凯姆. 社会学方法的规则 [M]. 胡伟，译. 北京：华夏出版社，1999：9.

[63] 邹德秀. 中国农业文化 [M]. 西安：陕西人民出版社，1992.

[64] 朱松美. 周代的生态保护及其启示 [J]. 济南大学学

报，2002（2）：33-38.

[65] 黄其煦. 农业起源的研究与环境考古学 [C] //中国原始文化论集. 北京：文物出版社，1989.

[66] 李玉洁. 先秦诸子思想研究 [M]. 郑州：中州古籍出版社，2000：113.

[67] 杨向奎. 宗周社会与礼乐文明 [M]. 北京：人民出版社，1997.

[68] 刘起舒. 尚书说略，经史说略——十三经说略 [M]. 北京：燕山出版社，2002：58.

[69] 齐文心. 商西周文化志 [M] //李学勤. 中华文化通志. 上海：上海人民出版社，1998：369.

[70] 苏泽龙. 文峪河流域的环境与社会经济变迁 [D]. 太原：山西大学，2005：17-18.

[71] 杜耘，薛怀平，吴胜军，等. 近代洞庭湖沉积与孕灾环境研究 [J]. 武汉大学学报，2003（6）：741-744.

[72] 魏东岩. 生物灭绝与人类存亡 [J]. 化工矿产地质，2009（3）：187-192.

[73] 梅曾亮. 记棚民事 [M] //彭国忠，胡晓明. 柏枧山房诗文集. 上海：上海古籍出版社，2005：226-227.

[74] 魏源. 湖广水利论 [M] //魏源. 魏源集（上册）. 北京：中华书局，1976：388-390.

[75] 鲁克亮. 近代以来黄河下游水灾频发的生态原因 [J].

哈尔滨学院学报，2003 (11)：116-120.

[76] 李彦华. 浅析中国近代灾荒的原因 [J]. 南昌高专学报，2010 (5)：13-14，61.

[77] 胡勇，丁伟. 民国初年林政兴起和衰落的原因探析 [J]. 北京林业大学学报，2004 (3)：26-30.

[78] 许怀林. 江西历史上经济开发与生态环境的互动变迁 [J]. 农业考古，2000 (3)：110-120.

[79] 戴一峰. 环境与发展：二十世纪上半期闽西农村的社会经济 [J]. 中国社会经济史研究，2000 (4)：1-12.

[80] 王辛. 生态环境与社会经济变迁——清代中后期至解放前福安县个案剖析 [J]. 历史教学问题，2003 (5)：42-45，33.

[81] 康沛竹. 战争与晚清灾荒 [J]. 北京社会科学，1997 (2)：108-112.

[82] 伍启杰. 近代黑龙江林业经济若干问题研究 [D]. 哈尔滨：东北林业大学，2007.

[83] 赵珍. 近代西北开发的理论构想和实践反差评估 [J]. 西北师大学报，2003 (1)：22-27.

[84] 王振堂，盛连喜. 中国生态环境变迁与人口压力 [M]. 北京：中国环境科学出版社，1994：26-160，102.

[85] 陶继波. 清代至民国前期河套地区的移民进程与分析 [J]. 内蒙古社会科学，2003 (5)：26-30.

[86] 王俊斌. "走西口"与近代内蒙古中西部社会生态的恶

化 [D]. 太原：山西大学，2005：10，8.

[87] 常云平，陈英. 抗战大后方难民移垦对生态环境的影响 [J]. 西南大学学报（社会科学版），2009（5）：182-188.

[88] 张根福，岳钦韬. 抗战时期浙江省社会变迁研究 [M]. 上海：上海人民出版社，2009：294-295.

[89] 苏全有，张秀娟. 晚清河南灾荒的影响论略 [J]. 漯河职业技术学院学报，2002（2）：73-76.

[90] 苏新留. 近代以来黄河灾害对河南乡村环境影响初探 [J]. 北京林业大学学报，2006（s1）：19-22.

[91] 王颖. 自然灾害与地方民生——以1923～1932年陕北地区为例 [D]. 西安：陕西师范大学，2007：24.

[92] 王合群，李国林. 近代中国城市化进程中的自然生态环境问题探析 [J]. 河南社会科学，2003（2）：13-14.

[93] 邵侃，商兆奎. 历史时期中西农业技术比较研究——基于两种模式的探讨 [J]. 哈尔滨工业大学学报，2009（4）：1-6.

[94] 苏全有，韩书晓. 中国近代生态环境史研究回顾与反思 [J]. 重庆交通大学学报：社会科学版，2012，12（2）：83-87.

[95] 孙智君，严清华. 孙中山经济思想的历史使命与时代价值 [J]. 经济学动态，2011（3）：88-91.

[96] 吴承明. 早期近代化工程的外部和内部因素——兼论张謇的实业路线 [J]. 教学与研究，1987（5）：48-52.

[97] 行龙. 近代中国城市化特征 [J]. 清史研究，1999（4）：

23－32.

　　[98] 燕茹. 民国时期山东环境卫生问题考察（1912～1937）[D]. 济南：山东师范大学，2014.

　　[99] 罗桂环. 中国环境保护史稿 [M]. 北京：中国环境科学出版社，1995：336.

　　[100] 中山大学历史系孙中山研究室. 孙中山全集第六卷 [M]. 北京：中华书局，1985：387.

　　[101] 罗斯. 变化中的中国人 [M]. 北京：时事出版社，2006：2.

　　[102] 中山大学历史系孙中山研究室. 孙中山全集第一卷 [M]. 北京：中华书局，1981：93－94.

　　[103] 李文海. 民国时期社会调查丛编·社会保障卷 [M]. 福州：福建教育出版社，2004.

　　[104] 托尔斯藤·华纳. 近代青岛的城市规划与建设 [M]. 南京：东南大学出版社，2011：159.

　　[105] 埃利奥特. 中国的卫生宣传 [J]. 中国医学杂志，1913：199－201.

　　[106] 张艳军，陈敏，冯江. 论人类活动、生态环境与自然灾害的关系 [J]. 中国环境管理，2003（1）：30－32.

　　[107] 李文海. 历史并不遥远 [M]. 北京：中国人民大学出版社，2004.

　　[108] 邓拓. 中国救荒史 [M]. 武汉：武汉大学出版社，

2012：27.

[109] 郑杭生. 社会学概论新修 [M]. 北京：中国人民大学出版社，1994：399.

[110] 陈翰珍. 二十年来之南通 [N]. 南通日报. 1930 - 9.

[111] 姚颖，陈晗. 张謇生态城市建设的世界视野 [J]. 南通职业大学学报，2014（1）：6 - 9.

[112] 张廷栖，范建华. 张謇的生态观研究 [J]. 南通大学学报：社会科学版，2006，22（2）：115 - 120.

[113] 张謇. 张謇全集：第四卷 [M]. 南京：江苏古籍出版社，1994.

[114] 张孝若. 南通张季直先生传记 [M]. 北京：中华书局出版社，1930.

[115] 冯之浚，等. 循环经济是个大战略 [M] //毛如柏，冯之浚. 论循环经济. 北京：经济科学出版社，2003：28 - 30.

[116] 高文学. 中国自然灾害史 [M]. 北京：地震出版社，1997：370.

[117] 赵尔巽，等. 清史稿·河渠志 [M]. 上海：上海古籍出版社，1986.

[118] 须景昌. 张謇的治水思想和治水活动 [C] //中国水利学会水利史研究会. 中国近代水利史论文集. 南京：河海大学出版社，1992：19 - 23.

[119] 武同举. 江苏水利全书 [M]. 南京：南京水利实验处.

[120] 胡孔发，曹幸穗. 民国时期的植树造林运动研究［J］. 农业考古，2010（1）：296-300.

[121] 吴良镛. 关于"南通——中国近代第一城"的探索与随想［J］. 南通大学学报：哲学社会科学版，2005（1）：51-54.

[122] 吴良镛. 张謇与南通"中国近代第一城"［J］. 城市规划，2003（7）：6-11.

[123] 陈争平. 张謇与"大生"模式［J］. 管理学家：实践版，2014（9）：52-58.

[124] 卢勇，王思明. 张謇水利思想及其实践试探［J］. 农业考古，2007（4）：166-171.

[125] 竺可桢. 竺可桢文集［M］. 北京：科学出版社，1979：108-115.

[126] 中共中央马克思恩格斯列宁斯大林著作编译局. 马克思恩格斯选集第4卷［M］. 北京：人民出版社1995：383.

[127] 张文奎. 人文地理学概论［M］. 3版. 长春：东北师范大学出版社，1993：444-445.

[128] 傅学良. 民国时期我国人口学界有关人口问题观点的概述［J］. 人口研究，1996（4）：28-33.

[129] 董时进. 食料与人口［M］. 北京：商务印书馆，1929.

[130] 孙大权. 农业经济学家董时进的经济思想. 福建论坛（人文社会科学版），2010（10）：16-22.

[131] 梁宗锁，左长清. 简论生态修复与水土保持生态建设［J］.

中国水土保持，2003（4）：12-13.

[132] 杨伯恺. 人类与环境 [J]. 研究与批判，1936，2 (5)：95 -102.

[133] 李海晨. 自然环境与人类分布 [J]. 青年与科学，1945，2 (3)：161-163.

[134] 黄天赐. 环境卫生 [J]. 中华健康杂志，1943，59 (1)：4-5.

[135] 黄万杰. 环境卫生之重要 [J]. 北平医刊，1935，3 (3)：53-56.

[136] 道林. 环境卫生概述（未完）[J]. 知行月刊，1936 (3)：26-31.

[137] 道林，环境卫生概述（续）[J]. 知行月刊，1936：1 (4)：35-41.

[138] 周敦颐. 通书·诚下第二 [M]. 上海：上海古籍出版社，1996.

[139] 黄宗羲. 宋元学案第一册 [M]. 北京：中华书局，1980.

[140] 朱熹. 朱子语类卷一 [M]. 合肥：安徽教育出版社，2002.

[141] 吉尔伯特·怀特. 塞耳彭自然史 [M]. 缪哲，译. 广州：花城出版社，2002：329.

[142] 亨利·梭罗. 瓦尔登湖 [M]. 徐迟，译. 长春：吉林

人民出版社，1997．

[143] 迪克·内伯斯．梭罗的自然法则 [J]．美国文学史，
2007（19）：824－848．

[144] 于文杰．现代化进程中的人文主义 [M]．重庆：重庆
出版社，2006：285．

[145] 布莱恩·多尔蒂．绿色运动中的理念与实践 [M]．伦
敦：劳特利奇出版社，2002：222．

[146] 商宏宽．周易自然观 [M]．太原：山西科学技术出版
社，2008．

[147] 牛实为．道德经自然观 [M]．北京：金城出版
社，2011．

[148] 黄寿祺，张善文．周易译注 [M]．上海：上海古籍出
版社，2012．

[149] 卿希泰．中国道教思想史纲 [M]．成都：四川人民出
版社，1985．

[150] 熊大桐．中国林业科学技术史 [M]．北京：中国林业
出版社，1989：376．

[151] 陈嵘．中国森林史料 [M]．北京：中国林业出版社，
1983：74．